「歡迎來到志祺七七！」

不搞笑、談時事，資訊設計原來很可以

張志祺 著
林欣婕 採訪撰文

從 50人的資訊設計公司 ——————→ 到日更 YouTuber 的瘋狂技能樹

從我到我們，從自己到一群人

推薦序——

不斷跨界、卻堅守核心；持續進化、卻仍然做自己

陳思傑

借我七分鐘，讓我說說我認識的志祺七七。

如果要講起創業後影響我最深的幾個人，志祺肯定在這份名單的前面。我們幾乎是同期創立自己的團隊，三十歲不到的我們和不超過五個人的夥伴，開始各自的旅程。我們一起製作線上課程、一起透過行銷創意與設計，讓更多人意識「不再恐同」議題、一起籌組歡樂無法黨……。行動派的志祺，總是拎著做事過於謹慎小心的我，不斷去挑戰那些我自己想都不敢想的事。

然後五年過去，簡訊設計已經是五十人的堅強團隊，拿遍各大設計獎項，參與各種社會議題，做出了無數感動人心的作品，透過網路和社群的力量讓更多人接觸到資訊和知識。簡訊設計成為了這個世代具有指標性的新創公司，志祺成為了最具影響力的意見領袖，以及一個我每次跟他出去逛街都有路人要跟他合照的傢伙。他就是那種會在飯局閒聊中讓我有公司經營新想法的人，也是會無私分享各種自身經

驗給朋友的古道熱腸好兄弟，更是讓我逼著自己繼續往前的動力之一。

這些成功故事，或許你早就都知道了，但你真的知道他這五年走過了什麼嗎？我的意思是，那些繞過的路、摔過的跤、咬著牙做過的決策、承受過的壓力……，你「真的」知道嗎？

從資訊設計懶人包、動畫、互動式網頁、遊戲、線上課程、YouTube 頻道……，志祺和簡訊設計總是能持續端出讓人驚豔的好菜，而且我總是猜不透他們的下一步又要做什麼——拜託，誰能想到一家設計公司，可以同時在 Hahow 上破了線上課程紀錄？誰能想到一個時事評論 YouTuber 還能同時幫寶可夢卡牌競賽主持轉播？我是覺得下次遇見志祺，他可能已經準備好跨界當饒舌歌手了吧？

確實，志祺與簡訊設計的腳步幾乎不可能被複製，那為什麼我還是非常非常推薦你應該要了解他們是怎麼一步一步走過來？因為你可以了解該如何不斷跨界、卻堅守核心；你可以了解如何擴編公司事業體、卻不偏離團隊的ＤＮＡ；你可以了解如何持續適應社會和媒體的改變、卻仍然能夠做自己，更重要的是，你可以了解如何從孤軍奮戰的「個體」，成為能夠一起完成更大里程碑的「團隊」。

當然，我們不可能看完這本書就能成為第二個志祺七七，但如果你也能從這本書中得到一點感動，找到你想堅守的核心和價值觀、找到自己的ＤＮＡ、找到能夠一起奮戰的夥伴們、組出你的團隊，或許你也能完成屬於你的跨界和里程碑——世界很大，或許你一個人可以走得更快，但與夥伴們一起才能走得更遠。

這本書承載著的，遠遠不只是這八萬多字的重量，也不只是志祺一個人的信念，這本書更承載著一路走來跟他一起努力的夥伴們的堅持，承載了群眾參與，以及無數人編織出的力量。

讓這本書在那些我們感覺自己渺小的時刻，再一次提醒我們吧：一個人不行，但我們一起——就可以。

（本文作者為「只要有人社群顧問」執行長）

作者序——

所有的學習與收穫，都是從一個問號開始

張志祺

Hiho，大家好，我是志祺。

不知道我在你的心中，是個怎樣的角色呢？大多數朋友認識的我，可能是日更時事型 YouTuber 的「志祺七七」，或是五十人的資訊設計公司「簡訊設計」的共同創辦人，又或是「圖文不符」裡用資訊設計來社會參與的設計師，也可能是「歡樂無法黨」的創黨元老之一，或是專打壞壞寶可夢卡牌的鋪傷玩家。

而在這棵眾人眼裡看似瘋狂、胡亂生長的技能樹下，在土壤的深處，其實一切都是從再簡單不過的自我問答開始：我是誰？我存在的價值是什麼？該怎麼建立夥伴關係？這世界怎麼樣才可以更好？我們要怎麼樣才能賺到錢、又能做自己的活下去？

以這些幾乎曾出現在所有年輕人心中的 OS 為起點，在一連串的探路、試誤與修正下，路就這樣走出來，技能樹也就這樣長出來了。

而會開始挖掘技能樹底下各個環節的起心動念與轉折，則是來自於過去數百場演講後，我與眾人面對面的會後 QA。有些朋友可能知道，創業這幾年來，對外演講與授課一直都在我的行事曆上占有一席之地，到現場去與圖文不符／志祺七七的讀者，以及各地的年輕朋友們面對面，對我來說一直是很重要的事。

每次演講或授課，不論行程再忙、再趕，我一定會留時間進行 QA，甚至在 QA 結束後，也常會留在講台側邊，與大家繼續問答與互動。

「志祺，你看起來過得很好，可以分享你最挫折或痛苦的經驗嗎？」

「志祺，我對現在學的東西完全沒興趣，請問我該休學嗎？」

「七七，你有沒有想要放棄，或幾乎要放棄的時候？」

「我想問到底要怎麼做，才能做著真心喜歡的事，又能賺到錢？」

為了能確實回答這些問題，讓大家真能有所收穫，我一次次在演講的會前、現場與會後，不斷梳理自己在求學、創業、成為公眾人物後的各階段裡，這棵技能樹背後的生長軌跡。我也才意識到，原來這個世界上大家所面臨的挫折與困擾，有那麼大的共通性。於是，在各種因緣際會之下，這本書就這樣誕生了。

從個人與團隊經驗，來回應這個世代的困惑為出發，這本書分為三部分：「從建立和自己的關係開始」、「你和工作的關係」、「你和社會／世界的關係」。也就是從自我洞察出發、學習與夥伴協力共榮，到如何回應社會與世界的問題與招喚，層層叩問（是的，每個章節都是從一個提問出發）。

全書時間軸橫跨十二年，在第一部「從建立和自己的關係開始」當中，從我學生時代的故事談起，成績一度爆爛的我，怎麼從「好玩」開始建立學習動機；如何從改變身邊的小事開始，領悟到行動真的可以帶來「改變的可能性」；如何意外闖入「社會參與」的叢林當中，經歷「被罵爆」的崩潰，到有所斬獲，並為我的創業之路打開了一扇門；以及一直困擾著年輕懵懂的我：如果沒有夢想，真的很遜嗎？但當「夢想」淪為標籤，又會有什麼慘痛的後果。

在第二部「你和工作的關係」當中，探討的是我在創業中，建立團隊所經歷的挫折與試誤。有夥伴，是助力，也是挑戰，當單幹王創業者，遇上「強者我朋友」，居然變成路障，而我如何自我調適、學習與改變，才能讓夥伴真正發揮？圖文不符又如何成為「懶人包始祖」？怎麼透過資訊設計「一邊賺錢，一邊改造社會」？以及關於最現實的獲利面，面對組織快速擴張，我們如何從「案子愈接愈大，卻沒有在賺錢」的挫折中站起來，重新擬定策略、調整組織體質，找到適合自己的獲利模式。

而第三部「你和社會／世界的關係」，則是從世大運、歡樂無法黨、ＷＨＯ

《紐約時報》集資發聲等社會參與歷程，談我如何學會與夥伴快速組隊，一起迅速產出一個行動，來回應社會的問題，一步步讓世界往我們想要的地方改變。

這是一本從「我」到「我們」、從「一個人」到「一群人」，撞了很多牆、試錯得來的「跌倒學」。經歷了一些事，當「我們」與「我」之間的界線逐漸模糊，我發現以群體的角度、拉長時間維度去做思考，所有的路都不會白走，一切的挫折都會在未來成為自己和他人的養分，如此一來，挫折也就不存在了。也沒有所謂真的「失敗」，我們只是在當中找到了一些不同的路。

人生是一個綜合的試煉場，在我們的故事裡，有自我成長與覺察；有團隊經營上學習打團戰的血淚史；也有數位時代如何賺錢的商戰智慧；也有從「圖文不符」的作品當中，分享我們的創新與創意，最重要的是，這些經歷都是我們與時代共進，在社會參與的基礎上發生。

在全書十八個章節當中，都是以「提問＋實際發生的故事與案例＋insight」的結構行進。從年輕人共同的疑惑與提問中開始，用故事回答問題，再為大家提煉出有共通性、可以帶走的 insight。精心調配「故事」、「雞湯」與 know-how 的比例，秉持「資訊設計」的精神，希望能對大家有一點點的幫助。

我想，如果你正要轉向下一個人生階段，或是你正因為各種原因，覺得懷疑人生，感到迷惘；又或者你正在創業，或在工作崗位上和團隊一起肩負創新任務；也可能是剛進社會，正在學習與這個社會及世界建立關係，或是正在擔負起一些新的責任。如果你正處於上述的狀態裡，那我想這本書中，一定有你可以帶著走、應用在工作與生活中的一些收穫。

這個時代，我們所面臨的考驗，不是你能多快成功，而是你能給自己多大的試錯空間與機會，以及你在跌倒之後，可以多快站起來，繼續前進。希望這本試錯累積而來的「跌倒學」，也對拿著書或螢幕前的你有所幫助。

目錄

1

從建立和自己的關係開始

〈改變的信念〉「我」一個人不行，但「我們」可以

2

你和工作的關係

〈改變的方法〉鍵盤時代，可以做自己，又賺錢嗎？

3

你和社會／世界的關係

〈改變的行動〉我看到的時代是一張等我畫上的地圖

Part 1

「我」一個人不行，但「我們」可以

〈改變的信念〉從建立和自己的關係開始

「我」一個人不行，但「我們」可以

Chapter

1

好玩是關鍵：有沒有比讀書更重要的事？

Hiho，大家好，我是志祺。

很多人會問我，在不同的人生階段中，有沒有遇過什麼困難？我只想吐槽說：「絕對是有啊！怎麼可能沒有！」

絕大多數的時候，我的內心是充滿困惑的。

一旦問題出現，自己卻回答不上來時，就算想要略過，問題還是會不斷找上門。所以，我認為與其逃避，倒不如好好思考這些問題，然後在找到結論之前，好好地享受這段認識自己的過程。

每個撞牆，都是認識自己的開始

過去受邀到大學演講時，常常收到很多學生的回饋。很多人都羨慕我能做著自己喜歡的工作，在二十四歲的時候跟成祥一起創立簡訊設計／圖文不符，擁有一群共同努力改變社會的夥伴，在經營事業的同時，也做到自己理想中的社會回饋。

但，在這看似順利的過程中，其實我和每個在讀這本書的你一樣，也曾經歷過那段根本不知道自己要什麼、邊嘗試邊撞牆的過程……，不瞞你說，直到今天，我都認為自己還走在摸索的道路上，只不過很幸運的，各種努力之後，累積了一些階段性的成果，才造就大家現在所看到的我。

事後回過頭來看這段歷程，其實還滿丟人的；不過那些近看讓人感到害羞與狼狽的故事，一旦把時間放遠一點來看，總給我一種恍然大悟的感覺。

因為，每個撞牆，都是認識自己的開始。

雖然很痛苦，但只要你願意在這個過程中誠實地面對自己、面對自己內心的聲音、面對心中的困惑，甚至是自己的中二，那在這個努力與自己對話的過程中，你將會發現滿滿的寶藏，每一刻的倉皇失措都不會白費。

所以，現在就讓我們回到過去，一起來看看屬於我的狼狽故事吧！

「為什麼一定要把時間拿來讀書？」

「明明有那麼多好玩的事情可以做不是嗎？」

「背那些用不到的物理公式和歷史年代，到底可以幹嘛？」

「當學生難道就沒有比讀書更重要的事嗎？」

和許多人一樣，在學生時代，最讓我不得其解的人生問題就是：「我為什麼要讀書！」

我不是因為很會讀書才考進大學，也不是因為設計力超強才開公司、創辦圖文不符，即使現在成為了一個略具影響力的 YouTuber，走到螢光幕前和大家分享議題、知識和資訊，也不是因為我喜歡表演。

所有我做的事情，共同的源頭，都是為了「好玩」。

說起來好像很不正經對吧？但就我個人而言，還真的是這樣。用這樣的信念回頭來看十七歲的自己，讀書有什麼好玩的地方嗎？當然是一點都沒有。由於不知為何要讀書，於是高中的我，徹頭徹尾地成為了一個成績超爛的學生。故事呢，要從

每個撞牆，都是認識自己的開始。雖然很痛苦，但只要你願意在這個過程中誠實的面對自己、面對自己內心的聲音、面對心中的困惑，甚至是自己的中二，在這個努力與自己對話的過程中，你將會發現滿滿的寶藏，每一刻的倉皇失措都不會白費。

高二那年，下課返家後的一個晚上說起。

人生道路上，課業真的比社團重要嗎？

「祺祺，關於這個，我們必須聊一下。」

那天家裡收到一張成績單，爸媽看了之後，覺得有必要與我好好「懇談」一番。攤在桌上的成績單，全是紅字，平均分數三十七分，在四十三人的班上拿到四十一名。霸氣值全開的老爸和老媽，正坐著等我解釋原因。

嗯……該怎麼說呢，只怪在學校裡比讀書更好玩的事太多了！因為座號與開學日期相同，莫名成為一一三班的班長，於是我與班上的夥伴們，因緣際會下展開了一段超級瘋狂的插旗旅程。

「教室布置比賽冠軍，一一三班！」

「軍歌比賽冠軍，一一三班！」

「英語合唱比賽冠軍，一一三班！」

從意外拿下教室布置全校冠軍這份殊榮，擁有了小小的成就感開始，混吉他社的我和兩個朋友，跆拳社社長拔（ㄅㄚˇ）切（ㄑㄟˋ）與合唱團副團岳霖，在合作中逐漸醞釀出「讓一一三班拿下所有班際競賽冠軍」的偉大夢想。

因為，看起來很厲害嘛！

中二的心態使然下，只要有競賽，我們就搶第一個報名。努力凝聚班上所有人，也因為大家的努力，我們不斷打破學校紀錄，奪得多項冠軍。人氣王拔切擅長呼朋引伴，能號召全班共同參與；才華洋溢的岳霖則是軍歌與合唱比賽的靈魂人物。在各種比賽前，我們總會共同擬定練習策略，為班上找出最有效率、又最好玩的團練方式，讓大家可以一起往冠軍邁進。

軍歌比賽應該是很多高中生的共同記憶吧！在新竹高中當然也是競賽的重點項目。在日夜不懈的努力練習下，一一三班成為竹中史上第一個在軍歌比賽上，與音樂班並列冠軍的班級。

記得當年教官說，除了音樂本身，我們勝在「氣勢驚人」。仔細想想還真的是這樣。在很熱血的年紀，拿下冠軍、締造傳說，對高中生來說，沒有什麼比這個更好玩的事了！當你發現一群人一起努力真的能拚出成果，那種感動實在比任何一本課本都來得有趣且真實，於是我孜孜不倦地沉浸在這些活動中學習。

還記得某次大考前夕，約大家假日練唱，結果當天，臨時發現負責重要聲部的同學不能到現場，大家沒辦法順利練習。該怎麼辦呢？

在手機跟社群軟體還沒那麼發達的年代，要順利通知所有同學，真不是件容易的事。除了按照通訊錄上一個一個打電話通知，為了負起責任，我還決定待在教室裡等候大家，一一向來到現場卻撲空的同學道歉，引導他們離開。明明是考試前夕的假日，理應加強學習的時間，拔切與岳霖卻也陪著我，一起在教室裡守候，現在想起來記憶還是很深刻、鮮明。

然而，理想很豐滿，現實卻很骨感。做為一個學生，不論班際競賽成績再好，也抵不過一張學業成績單。天才型高中生的拔切與岳霖，一邊玩班際競賽，一邊搞社團，剩下的時間隨便翻一翻書，還是能輕易拿下高分。

同樣這麼做的我，面臨的結果卻是一連串的成績大爆炸。

不要做半吊子的事

由於「一一三班班長」的名號在學校裡闖出名堂，因此分班之後，我一樣在新班級當上班長，繼續與高二夥伴們持續橫掃班際冠軍，成為頒獎時總是在歡笑聲中被拱上台領獎的靈魂角色。

但當時間來到高二下學期，團結所帶來的熱血與激情逐漸褪去，我終究不得不開始面對滿是紅字的成績單。我不是沒想過要努力，只是在沒興趣的科目前，就好像有一道高牆堵著，任憑我怎麼跳都跳不過去，也完全沒有動力想要努力跳更高。狀況持續惡化，到我成績退步到全班倒數第三名時，一向採取放養制的爸媽終於看不下去了，決定找我好好「聊一聊」。

在這裡先補充一下，能默許我一直做自己喜歡的事，其實不代表我的家庭不重視讀書！相反地，正因為家族中出了很多位博士，就連爺爺與奶奶在他們那個年代（如果他們兩位都還在世，都快一百一十歲了呢！）都讀到大學畢業，甚至出國留學……，你可以想像在這樣書香世家的氛圍薰陶下，好好讀書根本是像呼吸一樣自然的事，不需要特別去叮嚀催逼。所以，當書香世家裡，出了個平均成績三十七分的吊車尾孩子時，我只能扭著手指，緊張地等著坐在對面的爸媽先開口。

「你要不要乾脆去玩音樂啊？」霸氣值開到最高的老爸，居然懇切地說出了出乎我意料之外的話。我睜大了眼睛。

「我知道你很認真在參加吉他社，如果你真的不喜歡讀書，要不要考慮專心玩音樂？」從小支持我玩社團，還曾經特別從新竹帶我去台北，買下我夢想中吉他的爸爸，神色認真地說著。

聽到爸爸這麼說，我明明該感到開心，可是看著眼前的成績單，我卻沒有一絲喜悅，忍不住開始思考起一件事：「我是真的不喜歡讀書嗎？」

一個值得努力的理由，能帶你撐過許多煩人的事

回想起小時候，家裡沒有電視，我跟哥哥兩人唯一的消遣就是看書。那時我翻過最多遍的是《中國童話故事》，我喜歡透過神怪的世界觀，在腦海中想像奇異的遠古大陸；覺得最好玩的書，則是包含著許多知識的《漢聲小百科》，不只百看不厭，每年暑假還會跟著一些哥哥、姊姊們一起操作裡面的實驗，發現原來用吸管喝飲料，背後的原理是看不見的大氣壓力。

這樣長大的我，真的是因為不喜歡念書，才考出這樣的成績嗎？思考了一陣，低著頭，我說出了內心真正的想法。

「我找不到讀書的理由……。」

我就是不懂為什麼要花那麼多力氣，去背那些難得要命的化學反應式與物理公式？就算背得要死，得到好成績，這樣的努力真的有意義嗎？既然不知道為了什麼讀書，那我寧願花更多時間去凝聚班上，跟大家一起做一點有意義的事，或是去看漫畫。

說出了心裡話之後，爸爸思索了一下。接著，對著十七歲的我這麼說了：

「祺祺，你不是很喜歡認識很多厲害的朋友，跟大家一起完成好玩的事嗎？對

這些厲害的人來說，考進好大學是很理所當然的事，你要不要考慮從這個角度去努力看看，到好的大學裡，去認識那些很棒的人呢？」

咦？

咦咦？？

咦咦咦？？？

好好念書不是為了成績，是為了能認識更多有趣的「強者我朋友」，一起做更多好玩的事？老爸的這番話突然在我的腦袋裡「轟」地一聲炸開，瞬間為我的視野注入了新的觀點。原來也可以這樣思考「讀書」這件事嗎？原來「為了跟別人一起好好玩」也可以是一種理由嗎？

得到了屬於自己的意義之後，想辦法攀越高中課業考試這面高牆的任務，突然變得有趣了許多！而我也是在這時第一次體會到，原來一個讓你值得努力的理由，可以這麼有力量，可以帶你撐過許多煩人的事。從那次對話之後，我重新找回了讀書的動力，下次的段考直接進步了三十名，跌破了大家和我自己的眼鏡，而且幸運地，在最後的大考中考上了成大，並如我爸所說的，在裡面認識了很多有趣的強者我朋友。

想不到吧？因為一張滿江紅的成績單，讓我被迫正面迎擊「為什麼要讀書？」

這個問題，讓十七歲的我，居然因緣際會找到屬於自己的答案。而且對我來說，這個答案本身，遠比讀書更重要得多，一直到今天都還很受用。

「自我覺察」會漸漸累積出真正的自信

坦白說，當時身為高中生的我，不理解、也不知道什麼叫「自我覺察」，但隨著時間慢慢過去，經歷愈來愈多事情之後，我才開始漸漸了解到，每個不可逃避的問題，背後都藏著一個「認識自己」的課題。

在齊頭式標準教育體制下長大的我，一度覺得讀書很痛苦，但正是因為感知到這份痛苦，才被動地引發一連串事件，最終讓我發現，原來每個人都可以透過校園生活來了解自己，只是看你怎麼去思考這件事。

體制內的教育，最大的優點，就是讓學生快速且系統性地接觸到不同領域。在學習的旅程中，你會遇到樂趣，但也會有挫折。成績單裡的分數，不在於決定你的價值，而是傳遞一個更重要的訊息，讓你了解到，自己喜歡什麼，不喜歡什麼；擅長什麼，不擅長什麼（我至今還是覺得高中有些課程設計真的太難了，考不好真的不是你的問題）；課外的團體活動裡，你也能遇到隨便做都做得很好，與動不動就搞砸的事。就算是社團王的我，有的事做起來輕而易舉，有些任務，到我手裡還是會馬上出包，而這都很正常。

正因為不是天才，正因為面對高中學業很費力，正因為有這些討厭的事情存在，反而能用刪去法的方式，真正去了解自己喜歡的究竟是什麼；而我最喜歡的班級競賽與社團活動，也在參與的過程中，實際讓我認知到自己的屬性：

- 我喜歡朋友，喜歡認識不同領域很厲害的人。
- 我喜歡探索，常常需要新的刺激。
- 我想把生活中覺得卡卡的地方，變成一個新局，讓事情變好玩。

正因為有著各式各樣的喜歡和討厭，才組成了一個完整而真實的自己。人生充滿各種挑戰，你會遇到很多你不見得喜歡、卻偏偏還是必須去做的事。你得知道自己在幹嘛、為何而戰，才有機會比較認真地去面對它，不至於麻木、混日子或就此放棄，渾渾噩噩地活著。

而這個「知道自己在幹嘛」的意識是非常重要的！不僅僅是人生中必經的重要過程，也是自我覺察的開始。這麼說吧，如果有人跟你說那不重要，你不需要想，很可能是因為他覺得要說服你很麻煩，但請你千萬不要放棄找到答案！

有一些心靈雞湯會提到「心理素質」這個關鍵字，心理素質是怎麼形成的呢？或許就是不逃避現實的殘酷，勇於面對內心的困惑，誠實地接納自己的感受，逐步累積後，自我成長的結果。

所以，當你開始感到厭世的時候，請好好珍惜自己對世界的白眼，與心中的那些問號。當你好好面對它，你會發現這裡面真的藏有一輩子受用的寶藏。因為，從真正「了解自己」到找到自己的「使用說明書」，「自我覺察」會帶來真正的自信，這樣的自信會產生勇氣，讓你在找到一件自己深愛的事之後，敢於以此為圓心，創造屬於自己的世界。

正因為有著各式各樣的喜歡和討厭，才組成了一個完整而真實的自己。人生充滿各種挑戰，你會遇到很多你不見得喜歡、卻偏偏還是必須去做的事。你得知道自己在幹嘛、為何而戰，才有機會比較認真地去面對它，不至於麻木、混日子或就此放棄，渾渾噩噩地活著。

當你開始感到厭世的時候，請好好珍惜自己對世界的白眼，與心中的那些問號。當你好好面對它，你會發現這裡面真的藏有一輩子受用的寶藏。因為從真正「了解自己」到找到自己的「使用說明書」，「自我覺察」會帶來真正的自信，這樣的自信會產生勇氣，讓你在找到一件自己深愛的事之後，敢於以此為圓心，創造屬於自己的世界。

Chapter

2

相信改變的可能：如果環境不可能改變，這世界不就太無趣？

「志祺，為什麼你總是能夠看見改變的可能性？」

在創業這幾年來，不論是在跟同業夥伴們聊天，還是在接受採訪，時不時都會被問到這個問題。可能因為簡訊設計／圖文不符的一大本業，就是在用資訊設計進行「社會參與」，所以會帶給大家「覺得改變不難」或「樂於推動變革」的印象。

相信「我」一個人不行，但「我們」可以

其實改變真的不是一件簡單的事！人本來就是習慣安逸的動物，不變多好，爽爽的欸！所以，我也認為不是我們「能夠」看見改變的可能性，而是我們「願意」去看見改變的可能性。

願意相信改變的可能，是在很多行動和事業還在「零」的這個階段時，最重要的事情。可能是因為我神經比較大條的緣故，在團隊中，我常是第一個跑去跟大家說：「欸欸欸，我們好像可以怎樣怎樣……」的傢伙。

仔細想想，願意相信改變可能性的背後，可能也是來自於我對這個世界的信心。就算「我」一個人不行，但如果是「我們」的話，我相信可以。會有這樣的想法，或許是來自於大學時期的一些成功經驗。因為曾經踏出過第一步，遇到了很好

的夥伴們，一起促成了很棒的結果。這些小事的積累，一直到今天，都在鼓勵我去正向的面對改變。

高中時，成績爆爛的我，聽了老爸的建議，為了進大學能認識更多「強者我朋友」，拚了一發，後來考上了成大都市計劃學系。

上了大學後，我對很多科目都感到好玩新鮮、充滿好奇，於是一改高中放飛自我的學習態度，在系上一直維持著還不錯的成績。但我觀察到，每到考試前，同學們大多很焦慮，擔心必修的微積分、統計學被當。既然大家都有需求，想了想，我索性在男宿的讀書空間，幫大家辦起「微積分小教室」、「統計學小教室」這樣的另類家教班。殊不知猜題命中率還滿準的，漸漸做出了口碑（？），從在男生宿舍五、六個人的小聚會，後來愈變愈大，甚至擴大到系上的圖學教室舉行，演變成二、三十人的大班，考前連外系同學都跑來一起上課。

把事情做好、變好玩，就能吸引高手加入

「那個，這邊聽不懂的同學沒關係，統計學允許帶一張A4的公式筆記去考試。你看到這個題型只要這樣套進去就好，記得變換數字跟單位，一定有基本分！」

當時，學校在正規課程以外的時間，是不開放冷氣的。考前二、三十人大熱天擠在破破的圖學教室裡，熱到懷疑人生，但還是一起努力討論、揮汗解題。老實說，真的是滿有趣的畫面。

大學的某一年，系上同學間流傳著一句玩笑話。

「咦，我們在上規劃的課程，但課程卻沒有經過規劃？」

會這麼說，主要是隨著專業科目的演進，就讀都市計劃學系的我們，要完成的作業，常需要用到像是 Photoshop、Illustrator 這樣的繪圖軟體才能完成，尷尬的是，當時系上卻沒有開這樣的課。

「吼，搞什麼啦！那是要我們怎麼辦？」

習慣先受訓練再上戰場的大家，當然是抱怨連連。不過這樣的狀況行之有年，也不單只是我們這一屆的問題，大家只能一邊抱怨，一邊摸摸鼻子自尋生路。不會用 Photoshop 跟 Illustrator 該怎麼辦呢？還是得交作業啊，於是我一開始是選擇用 PowerPoint 來繪圖。是的，你沒聽錯，就是那個拿來做簡報的 PowerPoint。

但不論把PowerPoint練到再怎麼強，PowerPoint還是有它的極限（畢竟它就不是要你拿來繪圖的啊啊啊啊）。眼看做圖真的不夠力了，當時大二的我，覺得這樣下去不是辦法，在暑假時，認分地搭了很久的車，從新竹跑到台北光華商場採買軟體。

那時我一邊上網自學Photoshop，一邊利用放假期間，跑到台中找設計本科的表姊請她教我Illustrator，透過在做生意的小舅家打工，現學現賣，幫他們的公司商品修圖、排版型錄，逐漸對軟體愈來愈熟悉。

「志祺啊，既然你都學會了，要不要來教教大家呢？」

同學的一句話，讓原本的「統計學小教室」搖身一變，成了「志祺的電繪教室」，持續與系上同學互助共享。還記得當時有同學問我：不管是小教室，還是電繪教室，其實都不是我的責任，我為什麼會願意花這麼多時間備課來教大家，我難道不累嗎？

其實當時我只是很單純地覺得，要是我多花一點時間，能讓大家一起變得更好，那這件事就很值得。看到大家有所收穫而開心，我自己也會跟著開心起來。後來互助小教室的風氣逐漸拓展，班上開始有擅長「都市交通」科目的同學，自發性地開起了「都交小教室」，甚至讓系上的大家都很頭痛的「ＧＩＳ課程」，也有大神同學主動開班授課。

我當下實在是覺得「喔齁齁，有夠賺」，因為這些都是我很弱的科目啊！事後回過頭來看這件事，一開始只是單純願意分享自己會的事情，居然能引起這麼大的迴響，我也始料未及。而這個經驗也讓我發現，就算環境再不好，只要有一個人願意先站出來，把一件事做好，而且做得好玩，後面自然會有更多厲害的人一起加入。當環境因為大家的參與變得更好時，自己也會獲得很多的收穫。

把難題變成待破的關卡，就能引發眾人之力

隨著系上有愈來愈多的人開始在分享與互助中找到樂趣，當任何科目遇到困難時，大家雖然嘴上還是會念個兩句，但不再只停留在抱怨了！關鍵時刻，總有人願意站出來貢獻所學，藉由合作一起解決各種難題。

我常常覺得所謂的「困境」，只要有很多人願意站在一起面對，就會從「難題」變成一個「待破的關卡」，而且我們可以從各自破關的方式中相互學習，得到很多樂趣與成長。所以，面對困境，促成改變，只要懂得轉念，其實也可以是一件很好玩的事情！

回到剛剛的故事。雖然系上的風氣逐漸變好，但很快地，我們又碰到下一個難

題。

「如果我們畢業了，沒有人來教大家，後面的學弟妹要怎麼辦呢？又要重新回到在系上課程設計的學用落差上碰壁，彼此抱怨，然後每個人憑運氣、各自努力這樣嗎？」

若是希望改變持續發生，我們需要再做得更多！

大三時，我們成為在系會中有決定權的學長姊，於是大家決定把自主開課的文化帶進系學會中，透過把know-how與制度留給下一屆，代代相傳，從此之後成大都計系的幾屆，都會固定有學長姊開課，教授繪圖軟體給下一屆。

這個從體制外走入體制內的一個傳統，某種程度上，長久地解決了系上課程設

所謂的「困境」，只要有很多人願意站在一起面對，就會從「難題」變成一個「待破的關卡」，而且可以從各自破關的方式中相互學習，得到很多樂趣與成長。所以，面對困境，促成改變，只要懂得轉念，其實也可以是一件很好玩的事情！

計學用落差的問題。大家的團結，除了帶來了影響力，解決了體制上的困境之外，更形成一個一直滾動下去的機制，促成長久而真實的改變。

促成改變，比「事」更重要的是「人」

前面看到的事情雖然都很棒，但促成改變的過程中，其實也不是一帆風順，中間也曾發生過讓我很受挫的事情。

大學時的我，喜歡在各方面提出改善建議，但溝通方式卻不夠成熟圓融，所以即使跟學弟妹們感情融洽，卻忽略了跟上一屆學長姊的溝通，因而成為一些學長姊們心中「愛出風頭」又「想紅」的麻煩人物。在系上的期末愛宴上，別人是當選「系花」、「系草」、「系聰明」，我則是從學長姊那裡獲頒了一個「系想紅」的稱號。

老實說，在被頒發「系想紅」稱號的當下，我心裡真的滿難過的，我覺得自己好像被亂貼標籤和誤解，甚至也有一點點的生氣。但事後仔細省思前因後果，捫心自問，才察覺到自己在推動改變時，雖然主要是想讓事情更好，但心底也多多少少有一些想出風頭的念頭。透過這個「系想紅」的玩笑，我才開始注意到，關注他人的感受其實也很重要。

「改變不是誰的方法比較好，就聽誰的。」

在系上學到的教訓，讓我學會了在想要促成任何改變的時候，眼中都不能只有「待解決的問題」，還需要去更加注意尊重他人的權責、舞台與感受。畢竟我們都是「人」嘛！

講到感受這件事，不得不提我大一吉他社的事情。當時的我，除了系上活動外，生活的另一重心，就是社團。跟高中時一樣，因為喜歡音樂，我選擇進入成大吉他社。吉他社每個學期的重頭戲，就是各種成果發表，像是期初社大、吉他節、民歌賽之類的，而每到這些成發的時候，就會需要布置舞台。

但想當然耳，愛玩音樂的大家，不是每個人都精通美術設計，因此每到成發前，大家除了忙練琴、練團，還要花上許多時間相約，共同根據一張手繪的大型草圖，分頭開始繪畫、剪貼，完成布景。

應該不難想像吧？因為每個人美術的功力不同，一張拼起來的大背景，每一處的刀工與剪出來的圖像各有各的「風格」。而來到作業現場，因為沒有良好的分工指揮，常會有許多人不知道自己該做什麼，人來了，卻被晾在一邊，這種種情況都讓做出來的背景，效果不如預期。

當時大一的我，經過一整年的場布設計後，發現同學們在這些過程中，似乎都感到疲累且挫折，既沒有成就感，出席的人也愈來愈少。

「這個流程有沒有可能可以更好呢？」

「是不是能想個辦法讓大家不要花那麼多時間，又可以做出有成就感的場布？」

「怎樣大家才會更願意來呢？」

一邊想著這些問題，時間很快來到大二，我也學會繪圖軟體了，我開始想說：「或許可以透過電腦繪圖軟體，來改變吉他社場布的製作流程，幫忙解決這個困境！」

我決定先用繪圖軟體設計好場布的圖樣，透過設定分割畫面，以A4大小一張一張輸出，再把印出來的A4分割布景，一袋一袋分發給每個人，請大家回去幫忙剪掉白邊、貼上雙面膠。透過這樣簡單的分工，只要在公演前相約半天，大家就可以一起把布景「拼貼」完成，既不會風格歧異，又能確保布景視覺的品質，也可以讓所有人都有參與感與成就感。

你說這個方法很天才嗎?其實還好啦，很單純、執行難度也不高。不過，在促成布景設計流程改變的過程中，我實踐了一個很重要的概念：

想促成改變，比「事」更重要的是「人」。

怎麼說呢?就像前面提到的，我在大一時其實就發現了問題，但當時不成熟的我，只會把「不滿」和「自己覺得很厲害的想法」直接丟出來，這樣的做法，除了讓主事者措手不及、感到不解之外，並沒有帶來任何改變。

發現這樣的狀況後，有了經驗，我在大二推動改變時，事前花了更多時間和夥伴們溝通。無論是分享自己新學到的繪圖軟體技術、討論彼此對於布景流程優化的想法、願不願意參與，仔細確認社員們是否跟我一樣，覺得現行的方式需要改變，還是說只有我個人主觀感受覺得該這麼做。

只是多了一層的溝通，我發現整件事情變得順利很多。而這些交流，也讓大家能凝聚在一起面對問題，攜手前進。負責背景布置的夥伴，既能夠在學到新技術的過程中感到開心，在一起合作的過程中，也不會覺得被否定或冒犯。

在大家的推動下，新的做法上路後，社員們因為妥善的溝通與分配任務，認為一起完成布景「拼圖」，是好玩又有成就感的工作，事情終於有了圓滿的解決。

交換彼此看到的風景，一起創造改變

大學時期，經由系上跟社團的夥伴，認真完成一些小事，讓我逐漸發現，當一個人可以把大家凝聚在一起，改變才真的有可能發生！而這個過程中，比起推動改變，把「事」做好，照顧好所有「人」的感受，才是最不容易的事。因為促成改變，有可能成為一件好玩的事，讓大家往同個方向前進；但沒做好，卻也可能為團隊帶來內部對立的危機。

組隊創業一段時間後，我認為往好的或壞的方向走，之中最關鍵的決定因素就在於：大家是否認知到「想推動真正的改變，絕不是一個人就能完成的事，而是需要凝聚、仰賴大家的力量」。

我這裡所說的「真正的改變」，指的是可以影響組織文化的本質，而且能一直被留下來的那些影響。有時候我們面對很多事情，有了想改變的念頭，心裡下意識最先浮現的念頭，可能會是「為什麼誰誰誰都不怎樣？」或是「這樣不就好了？」

但其實，在期待事情改變的當下，重點並不在於誰的方法更好、誰更厲害，而是要彼此嘗試去互相理解：「究竟對方是看到了什麼，所以他選擇了這麼做？」面

當一個人可以把大家凝聚在一起，改變才真的有可能發生！而這個過程中，比起推動改變，把「事」做好，照顧好所有「人」的感受，才是最不容易的事。想推動真正的改變，絕不是一個人就能完成的事，而是需要凝聚、仰賴大家的力量。

對同一件事，我們像站在一個立體的地圖上，駐足於四面八方的每個人，看到的都是不同的風景。

面對眼前的問題，如果你有幸站在較高處，看到更遠、更美的風景，就應該努力把自己所看到的，轉述給大家知道。同時，也應該好好聆聽大家各別看到了什麼，說不定其實有很多視角，是你所沒有看到的。

在江湖上混久了，就知道這世界的強者實在太多了，每個人一定都有超乎你想像、值得學習的地方。抱持著這樣的心態，自然而然就能理解每個人的選擇都有他的理由，我們要做的，是交換彼此看到的風景，與主事者合作，充分尊重他人的舞台與職權，理解意見不同的彼此不是敵人，而是必須聯手、一起讓事情更好的盟友。

務必記得：過程中，需要被解決的，是問題，而不是做事的人。

成功不必在我，改變是一場共同創作

在我的經驗裡，想與人合作，促成「真正的改變」，有兩大關鍵：

1 改變要是煙火，也是細水長流：

如果我們解構時空，來看一場改變，事情發生的當下，會需要一場瞬間的煙火，才能促成「橫向的連結」與關注，吸引更多人加入；如果希望影響力能被延續，走進時間軸，改變也需要「縱向的傳承」，才有可能慢慢演化進入文化當中。所以很多人會說，改變是一條漫長的路。橫向需要有煙火，縱向也要有後進加入，因此，你必須讓你的改變，變成大家都能使用的工具，讓大家看到後都能對改變有所想像，像是：

「我加入之後，可以讓這件事變成怎樣呢？」

「我也想要一起加入，讓事情變得更好！」

「我也可以一起來玩看看！」

唯有這樣，改變才能被傳承，走進長遠的文化裡。

2 改變要可被理解，可被複製：

真實的改變，是一群人，甚至是一個時代的共同創作。

就像蘋果公司做出的世界性變革，不在於製造出一支iPhone，而是讓所有廠商加入了這個模式。當大家都接受這個模式、全部投入的時候，整個環境或是產業就產生了巨大而長遠的變革。

小到改變一個大學科系的傳統，大至顛覆產業，都是如此；它不應該是一個人說了算，而是要創造別人能夠加入的空間，吸引更多人走進來共創。在這個過程中，改變是不是讓大家能看得懂，並且看了之後覺得這件事情是可行的、非常重要的。唯有如此，改變才有可能被複製、轉化，因而持續下去。

因為你最終一定會離開，離開之後，改變能夠繼續下去，才是最重要的。

期待事情改變的當下，重點並不在於誰的方法更好、誰更厲害，而是彼此要嘗試去互相理解：「究竟對方是看到了什麼，所以他選擇了這樣做？」務必記得：過程中，需要被解決的，是問題，而不是做事的人。

想與人合作，促成「真正的改變」，有兩大關鍵：

1. 要是煙火，也是細水長流：你必須讓你的改變，變成大家都能使用的工具，讓大家看到後都能對改變有所想像
2. 要可被理解，可被複製：真實的改變是一群人，甚至一個時代的共同創作

因為你最終一定會離開，離開之後，改變能夠繼續下去，才是最重要的。

Chapter

3

有觀點才有力量：當「都計張」碰上都更案，除了狗官和刁民，能不能有其他角度？

對多數人來說，想開始「社群溝通」或「社會參與」，卻又舉足不前，最常見的顧慮在於：「我想發聲討論，但又很怕被罵爆，不知道該怎麼開始？」

沒錯，在社群上發表自己的看法的確很需要勇氣。畢竟這等於是把你真實的想法丟到大眾面前，並等著接受社會的公評（或公審）。每個人的立場不同，觀點不同，價值觀當然也不一樣。在丟出意見的過程中，你會遇到認同你的人，當然也會遇到不認同你的人。因為觀點與利益的衝突，很可能會讓那些人開始攻擊你，甚至否定你的價值。

網路是社會溝通的修羅場

一開始很單純地想要把自己的想法丟出來，其實大多出發點都是良善的，但遭受到嚴酷的攻擊，有時候會讓我們開始自我懷疑，覺得自己是不是說的不對、做得不好？而這份擔心和害怕，往往就讓我們難以踏出第一步，畢竟沒有人想要被討厭。

我自己曾在大三的那一年，因為一篇臉書po文，一夕之間變成了全民公敵，毫無預警地進入了社會溝通的修羅場。因為一場鍵盤風暴，我經歷了憤怒、衝突、交流、理解與討論，一直到最後凝聚共識，甚至延伸出完全不同的觀點。這個過程非常痛苦，但是在這個有點殘酷的溝通過程中，我一下子了解了很多自己過去看不到的事，也感受到這個社會的多元。

我常說自己直到大三才開始接觸「社會參與」，實在有點太晚了。因為「社會參與」和「社群溝通」，真的能幫助我們跨出同溫層，接近社會多元而真實的樣貌，你可以在這個過程中，開始思考社會價值與自我立場之間的關係，鍛鍊表達的技巧與溝通的心態，這是相當重要的歷程。

時間回到大三的那一年，我生命中最痛苦的一個春假。看著自己臉書牆上破萬的分享、網友的攻擊與留言，我好幾天吃不下飯，每天只睡兩、三個小時，不斷在被罵的恐懼中驚醒。

唉，事情怎麼會變成這樣呢？明明兩天前，我還只是一個無憂無慮的大學生，只需要想著連假要去哪裡玩。回想原因，事件開始於一堂「都市更新」的必修課。

書本知識與社會現實之間是有落差的

二〇一二年三月二十八日那天，台灣發生轟動一時的文林苑「王家都更案」強拆事件。一紙台北市政府的「強拆命令」，讓當時位於台北市士林區的王家，在不同意都更，還在跟主管機關協調的情況下，轉瞬間整個家被夷為平地。

王家到底是「都更惡法受害者」，還是「貪婪釘子戶」？政府到底是「依法行政」，還是「包庇建商」？隨著新聞中斷垣殘壁畫面的播出，事件引發全台關注，在都市計劃圈裡也掀起不小的風浪。

「社會參與」和「社群溝通」，真的能幫助我們跨出同溫層，接近社會多元而真實的樣貌，你可以在這個過程中，開始思考社會價值與自我立場之間的關係，鍛鍊表達的技巧與溝通的心態。

當時，身為都市計劃系大三學生，又好管閒事的我，連夜在宿舍裡看了不少新聞資料。正巧隔天早八，就是系上必修的「都市更新」課，老師就在課堂上直接以王家為例，從都更法規的面向進行討論。下課後，隨手一滑臉書，看到一個外系學弟，針對王家都更案，在塗鴉牆上發表了感想，只是因為立場偏向市府，發文就被留言灌爆。

「冷血、支持狗官、沒有同理心⋯⋯」，所有你能想到的沒良心字眼都出現了。看到這裡，大家也許覺得這很正常，但對於大三的我來說，相當不可思議，心中升起了一股情緒。

做為一個都市計劃學系的學生，我們所學的，就是國家基於對城市的未來發展計畫，去進行工程、土地配置、交通規劃等硬體設計。過程中包括提出計畫、大眾溝通、實際執行等環節，一切都必須依循「法律」，在「依法行政」的前提下進行。

但王家都更案裡的種種一切，都使我的內心產生了疑問。

第一，如果官方在法律和程序上沒有問題，為什麼學弟發表偏向官方的言論會被罵爆？是這個社會不講道理，還是我學習的都市計劃，其法規本身就有問題？如果這是一件這麼不正義的事，那我花那麼多時間，聽課學習的意義到底在哪裡？

第二，如果我們的所學，帶給我們在這個議題上不同面向的觀察和立場，為什麼我們說出來，會被整個社會攻擊？是因為大家不理解我們的觀點，還是社會不願意包容不同的聲音？

放下憤怒，理性的腦才能運作

為了找到給自己的答案，憋著滿肚子的困惑與憤怒，我當天直接蹺掉一整個下午的課，逐條讀法規、翻課本，對照新聞上整件事的始末，寫了一篇五千多字的長文——「關於王家都更案，我想說的是」，文中分成三個面向整理文林苑王家事件的始末，發表了我的個人看法。這三個部分分別如下：

- 都市更新到底是什麼？
- 王家事件到底出了什麼樣的問題？過程中，王家、官方與建商究竟各自犯了什麼小錯，導致悲劇發生？
- 我們到底該如何看待這件事情，我們又該做什麼？

當時文章的觀點，主要是在探究，假設所有人都沒有惡意，在法規之下，整件事到底出了什麼問題，因而造成這樣的悲劇？

原本單純的一篇po文，只是想和朋友們討論與交換看法，解決自己心中的困惑。沒想到這篇文章，居然在一個晚上，被轉了一萬兩千次！嚇到傻眼的我，發現分享文章的，除了網友鄉民，竟然還有不少專家學者。對於我的觀點，有不少人支持，表示終於有人說出他的心聲。

講到這裡，你可能覺得「哇！太強了吧！」但我話還沒說完呢！贊同的觀點之外，更多的人是從各個面向批評、攻擊這篇文章，以及身為作者的我。

「又一個象牙塔居民！」

「如果學都更不懂毀家之痛，就像造原子彈不知殘害生命。」

「不知他人愁的麻木心態。」

「純粹是都市更新系的學生為政府說話的文章！」

網路論戰是一場現實洗禮

雖然我的文章試圖站在王家、建商與政府的角度，闡述在都更法規下，三方在過程中各自有什麼失誤，共同導致強拆的結果發生。但我畢竟是一個還沒經歷過現實洗禮的學生，觀點不夠完備，也難怪遭到網友們的猛烈砲轟。

一夕之間，我被貼上了各種「專業不足」和「不知民間疾苦」的標籤。從看戲群眾，一夕成為網路上鄉民口中的「成大都計張」。我的春假泡湯了，平靜的生活沒了。面對排山倒海而來的負面聲音與攻擊，種種惡意讓我感到很受傷。

當晚在宿舍裡，我失眠整晚，一邊查資料，一邊回文跟大家討論。隔天一早，接到系辦助教的電話，說有媒體記者來電找我，希望可以授權刊登這篇文章。風風雨雨之下，真的幸好隔天就是春假。我腦子發脹地從台南回到新竹的家，開始我地獄般的假期……。

繼續往下把故事說完之前，我想先跟大家討論關於如何面對挑戰與挫折的問題。

如果是你，遇到在網路上被人罵爆的狀況，或是在真實世界裡處於大逆風的危機情況，你會選擇如何面對呢？對我來說，第一個要面對與處理的，絕對是自己的憤怒和受挫的情緒。

遠比「對錯與輸贏」更重要的事，也就是認知到何謂「理性溝通的過程」。把注意力轉移到有建設性的批評，發現自己的不足之處，得到許多思考跟改變的契機，甚至勇敢開啟這個議題後續的討論。

別被輸贏的情緒圈住想法，才能從中收穫

一開始難免會想要去戰「誰對誰錯」，心中浮現「再怎麼樣也不想認輸」的情緒，在痛苦萬分中浮沉。但隨著時間拉長，我慢慢感覺到，在這之中其實有遠比「對錯與輸贏」更重要的事，也就是認知到何謂「理性溝通的過程」。

前三天，我收到了一百六十二封訊息，其中有八十八封是在批評我的意見；八十八封中，又有七十二封貼給我相同的王家資料連結與懶人包。一開始時，我耗費了絕大多數的時間，在處理情緒，以及回覆這雷同的七十二封批評指教。直到我把注意力轉移到剩下的十六封，我真的在有建設性的批評中，發現自己的不足之處，得到許多思考跟改變的契機，後來甚至勇敢開啟這個議題後續的討論。

我必須說，面對無來由的批評及真實接受自己的不足，都不是件舒服的事。可是當你必須也開始去面對的時候，你會發現這都是溝通的必經之路。這個社會上有形形色色的人，每個人的生命歷程、觀點、想法都不一樣，當然也會和你有不同的意見。當一件事沒有被討論，沒有引發爭議或是共鳴，變好的可能性就微乎其微。

勇敢地去分享自己的觀點，而不是執著在說服別人，錯了也不要怕，反正我們不需要面子，改進再出發。表達、聆聽，然後再調整，收穫最多的人，是最後真正的贏家！

如果我們真的希望事情會變好，那我們能夠做的，就是堅持下去。除了讓自己的聲音被聽見，也要在整段溝通的過程中，努力學習聆聽、交流、回應。雖然也會遇到負面的狀況，但這就是整個社會溝通的常態。

勇敢踏出第一步，說不定最終你會看到完全不同的新風景喔。

當一件事沒有被討論，沒有引發爭議或是共鳴，變好的可能性就微乎其微。勇敢地去分享自己的觀點，而不是執著在說服別人，錯了也不要怕，反正我們不需要面子，改進再出發。被「炎上」時，你可以：

1. 表達
2. 聆聽
3. 然後再調整

收穫最多的人，才是最後真正的贏家！

Chapter

4

裝炸彈也要會拆炸彈：在社群上被罵爆，有沒有刪文以外的路可走？

當倡議引發關注、被大家看見後，接下來該怎麼辦呢？是的，試驗又進入了下一個回合。值得開心的是：這代表你的觀點是有力量的，成功讓議題被更多人討論與關注。但隨之而來的，就是被捲入話題中心後，你該如何面對與退場？

不能擊垮你的事件，都將使你更強大

這題相當重要，因為每次社會參與的收穫與感受，都會影響到你下一次參與的態度與意願。這也就是為什麼，我在後來與一些 YouTuber 夥伴，一起為社會議題發聲時，一定會盡全力確保大家退場後的感受是正向的。因為我希望這群有影響力的人，能夠願意持續投入社會參與。

當你與議題一起捲入話題中心，需要關注的就不只是議題本身，包括它如何發展、群眾意見與評論等等，當然你的感受與收穫也同等重要。

大三時的我，很幸運地從文林苑事件中走了過來。就像初心者錯過新手村，直接打到大魔王一樣，壓力大到差點招架不住。但很幸運地，在很多人的支持下，我終究還是找到方法挺了過來。

當初很多人以為我很勇敢，說我展現了超越大三該有的理性與肚量，面對和承擔所有言論。事實上是：我根本不勇敢，還非常膽小！講了你可能會覺得很扯，我那幾年逛ＰＴＴ，只要看到「王」字、「林」字，就會忍不住緊張，以為是文林苑或是王家，跟強迫症一樣可怕。

在進行「社會參與」與「社群溝通」時，如何保護本心，降低各方言論帶來的傷害值，讓過程中的經驗能化為收穫與養分，是我接下來想帶給大家很重要的想法。

上一篇提到，我評論文林苑事件的文章爆紅後，剛好碰上春假開始，校園進入假期，但線上的戰場卻才剛剛開啟，槍林彈雨中，我著著實實上了一堂社會溝通課，但也開啟我參與公共事務和創業之路的一扇門。

隔天，我一路從台南搭車，抵達新竹家裡，打開電腦，在網友大量的分享與媒體的推波助瀾下，文章的轉載次數，從原本的一萬多次轉發，已經超過了兩萬。在當時媒體與社會一片怒喊「今日拆王家，明日拆你家」的聲浪下，儼然形成另一種聲音。

上路了，就別讓自己空手而回

「我們得積極地了解法規，讓我們也能得到法律的保護。」

「感謝這位同學寫的中立文章，這應該算是比較貼近事件原貌的了！」

「沒有人沒錯，但沒有人有絕對的錯誤！」

「以後你家被劃入都更時，公聽會一定要去啊！！」

當你與議題一起捲入話題中心，需要關注的就不只是議題本身，包括它如何發展、群眾意見與評論等等，當然你的感受與收穫也同等重要。因為每次社會參與的收穫與感受，都會影響到你下一次參與的態度與意願。

但除了這些正面的回應外，批評的聲量也同步增長。部分網友開始攻擊成大與都計系，用負面的輿論為不相干的人貼上標籤，無端波及成大學生和系上學長姊。當下我真是千頭萬緒，因為被罵是其次，讓我最無法接受與倍感壓力的，還是擔心造成學校和系上的困擾。

放假期間，我把自己關在房間，逼自己細細瀏覽過所有的分享和留言。雖然曾經好想躲起來，關閉貼文，不要面對，但真的好不想認輸。雖然知道自己的觀點不夠成熟完整，但我還是想試圖透過這樣的方式，讓更多人一起來討論文林苑事件。

看到陌生人批評我「高傲」、「自以為是」、「住在象牙塔裡」，實在令我很難過，我就這樣一邊在腎上腺素飆高的憤怒，一邊在情緒退去後的自我檢討中來回擺盪。只因為立場不同，就可以隨便攻擊人嗎？憑著不服輸的心，我幾乎回應了每一則留言，同時向各種法律背景的專業人士請教，經由交流討論，嘗試尋找刪文以外的方法與出路。

冷靜下來之後，我發現即使負面訊息很多，但在所有留言中，仍有近兩成的批評，能給予我的文章充滿建設性的建議，帶領我用不同的角度重新思考文林苑都更案。

避免專業者的傲慢

「有道理耶！他說的沒錯。」

「我以前怎麼沒有用這個角度去切入！」

這些中肯有料的反面聲音，帶給我很大的動力，事情似乎開始出現了能夠努力的契機與方向。我印象最深刻的一個觀點，來自網友們私訊給我的一篇法律系教授的打臉文。這位教授在他的文章中提到，對於許多他教過的法律系學生按讚，並狂推「成大某位大三生」寫的「關於王家都更案」的文章中肯，讓他感到非常詫異，同時他也點出我在文中對於「都市更新條例」的錯誤詮釋，讓我看到了自己在解讀法條上的不足之處。

於是我循線找到教授的個人臉書，私訊請教，在討論中獲得了很多「都市更新條例」法條理解上的指導。當時我心裡默默想著：「既然這些回應，對我這麼有幫助，那會不會對其他人來說，也很有價值呢？既然我原本的觀點有所不足，如果我能夠整理網路上這兩成有料又實用的討論與回應，持續修改我的文章，讓更多有用的相關資訊，可以被關心這個議題的人看到，那應該會很好。」於是在不斷的討論、修改與發布下，我的這篇文章很意外地，漸漸成為一個匯聚多方意見想法的平台，引發更多深遠有意義的討論。

因為有了努力的方向，也嘗試去做一些改變，本來的「憤怒」與「不想輸」的情緒有了出口，我也開始從留言與回應中，獲得學習與養分，從與各路人馬的線上互動中，發現自己學習與成長環境的保守單純，進而了解真實社會的多元面貌。

我逐漸意識到，最開始整篇文章的寫作角度，是從一個學習「都市計劃」的專業者出發；而「專業者的傲慢」也是整篇文章最大的問題。那麼，所謂「專業者的傲慢」又是怎麼出現的呢？

仔細想想，我發現這都是來自於，自己對所學習事物的肯定與驕傲，我相信都市計劃能做很多事，也很以都市計劃為傲，隨著自己投入愈多學習的努力，就這樣在過程中，默默地把自己觀看事情的角度抬高、變窄了，下意識忽略了其他的角度與觀感。察覺到這樣的事實，雖然讓我有點討厭自己，但卻也因此有所成長，而且收穫良多。

逆風中，要懂得找尋溫暖力量

痛苦的春假很快過去，收假回學校上課後，我聽說學校組織社會參與的社團「02社」（編注：02音同台語的「抗議」），要召開「文林苑」王家都更案的讀書會。雖然人在風頭上，心裡怕得要死，但我實在很想親眼看看這些秉持不同看法的人，聽聽他們的說法，於是我還是跑去現場參與討論。

「啊，你就是那個成大都計張啊！」

「我有看到你的文章，覺得角度太『事後諸葛』，在打臉三方。」

「看了你的文章後，我特別去翻了法規。」

撇開立場的不同，經過面對面即時的意見交換，我發現大家其實都是很棒的人，甚至還有不少共同理念。幸好有鼓起勇氣去現場面對，不然就錯過了這樣的事情了。而過程中，除了逆風，當然也有溫暖的力量。每每被網友貼上「自負、冷血」的標籤時，同學們的鼓勵與認同，都讓我重拾勇氣。

「沙沙（在吉他社我因為認識大家的時候，在角落搖著沙鈴而被叫做沙沙），我知道你才不是他們說的那樣！」

「我覺得勇於說出自己的想法，是很棒的事，以你為榮！」

而令我意外的是，系上本來有一位對我的報告總是電最兇、最嚴格的教授（大家都笑稱我跟他簡直是系上的哈利波特與石內卜）居然也在課堂上表示：「張志祺做這樣子的公共論述和書寫，是值得肯定的一件事情，大家應該要試著去做這樣的事。」迷惘困惑與自我交戰的時刻，每一句鼓勵，都是對當時的我最重要的支持與溫暖動力。

我個人認為，願意做公共書寫與討論的人，最初都是對這個議題，抱持著單純的關心與理想，第一次做公共書寫就被幹爆的我，特別能感同身受。在那之後，只要是遇到任何公共書寫的交流，或是面對面的議題討論，不論對方立場的異同或觀點的完備與否，我都會抱持鼓勵的態度。因為我知道，理性的討論與回應，對於願意挺身而出的人來說，就是極大的鼓勵。

社會參與會幫助你更了解自己與世界

「王家都更案」是我第一次「社會參與」與「群眾溝通」的經驗。

做公共書寫、社會參與，或是社群溝通，其實都是一個「從我到我們」的過程，多數人一開始都是先從自己的經驗與切身的角度出發，拋出自己的看法。過程中，當然會面對反向的意見，但寶藏正也藏在其中，鎖定理性而有建設性的反向聲音，持續討論與交流，可以幫助我們砥礪自己的觀點。雙方看似想法背道而馳，最後也有可能因為有效的溝通，變成同一陣線。

此外，有時我也會想，對於一個議題，社會上「沉默的多數」，可能不是冷漠，也不是不關心這個世界。而是大家都很忙，沒有時間全面了解每個社會議題，覺得自己觀點不足，所以選擇沉默。

因此，資料和觀點整理，在社會議題的促進上非常有力量，能有效促進溝通的

只要你願意好好整理、說明一件你所關心的事，這件事就有可能被認識與理解，從「沉默的多數」之中，吸引更多立場不同的人來加入討論，有機會快速凝結社會力量。

發生。大三的我因為有這樣的體悟，所以才為未來與夥伴創立簡訊設計／圖文不符、用「懶人包」做社會參與，埋下清晰的願景與動機。

只要你願意好好整理，說明一件你所關心的事，這件事就有可能被認識與理解，從「沉默的多數」之中，吸引更多立場不同的人來加入討論，有機會快速凝結社會力量。

勇敢踏出「社會參與」的那一步，會幫助你更了解自己與世界。而當你找到一件真正關心的事，透過「社群溝通」，可以找到二十萬個與你一樣關心的人，就有可能一起來做些什麼。唯有彼此理解，改變才有可能發生！

勇敢踏出「社會參與」的那一步，會幫助你更了解自己與世界。而當你找到一件真正關心的事，透過「社群溝通」，可以找到二十萬個與你一樣關心的人，就有可能一起來做些什麼。唯有彼此理解，改變才有可能發生！

做公共書寫、社會參與，或是社群溝通是一個「從我到我們」的過程，過程中，當然會面對反向的意見，但寶藏正也藏在其中。你可以：

1. 鎖定理性而有建設性的反向聲音
2. 持續討論與交流可以幫助我們砥礪自己的觀點

雙方看似想法背道而馳，最後也有可能因為有效的溝通，變成同一陣線。

Chapter

5

沒有夢想會很遜嗎：沒想清楚的夢想，會不會只是一張華麗標籤？

「你的夢想是什麼？」

一直以來，年輕人很在意自我表達和實現。從小到大，從寫作文「我的志願」到個人履歷，從各種面試到跟朋友閒聊打屁，甚至是面對記者採訪，在各種場合，都有可能被問到「夢想」這題，閃也閃不掉。社群媒體也給予很多空間，讓年輕人的自我表達，拿到認可的量化證明。

「欸……我沒有什麼夢想耶。」不不不，如果這樣回答就遜掉了，好像非得一定要有個方向、有所追求，走路才能有風。

夢想不是成功典範，而是你熱血的事

年輕的時候，會希望大家快速認識自己、讓自己容易被定義，被問到這個問題的時候，常常倉促地拿一張「夢想標籤」，就往自己的身上貼去。如果是關於興趣，「我很喜歡做○○」，或是「我的興趣是○○」，大多數人都可以輕鬆回答；但談到夢想，不管講什麼好像都於心有愧，心裡總不太踏實。

少數人很幸運，很年輕就找到明確的人生目標。但對大多數人來說，能快速回答出的「夢想」，常常只是曾經看過的成功典範。

拿著別人的成功形象，當做自己的夢想旗幟，就像是穿著一件不合身的衣服。如果要真的去追尋，那就像為自己的人生設了錯的ＫＰＩ，每一步都會走的很困惑、很痛苦。會不會有可能，所謂「夢想」本身，也許就是個假議題呢？

大多數人真的擁有的，是很多「喜歡做的事」，而不是一個輕易可以回答出來的「夢想」。我自己就曾經因為貼錯過「夢想標籤」，而走過相當辛苦的一段路。當時即使是拿到讓人覺得很羨慕的機會，但回到家，關上門，只有自己知道，其實吞得非常痛苦，一點也不開心，又不敢輕易吐掉。

當時候的我，到底發生了什麼事呢？

「張志祺，你真的很會畫畫耶！」
「系服就交給你囉。」
「你以後一定會是一個很棒的設計師。」

大學時期，我常常是社團或系上的「文宣長」或「美宣擔當」，扛起系服、社服、隊旗、海報各種設計。看到別人穿著自己設計的衣服在校園行走，或是在寢室睡覺，的確是很有成就感的事！

當興趣變成工作，你的熱情是否還在

同儕之間，聚在一起的時候，不免互相比較。大學時期，比得已經不是成績，而是「你在忙些什麼？」或是「你是不是在做什麼熱血的事？」而背後其實藏著都是那道命題：「你的夢想是什麼？」

拿著別人的成功形象，當做自己的夢想旗幟，就像是穿著一件不合身的衣服。如果要真的去追尋，那就像為自己的人生設了錯的KPI，每一步都會走的很困惑、很痛苦。大多數人真的擁有的，是很多「喜歡做的事」，而不是一個輕易可以回答出來的「夢想」。

小時候寫「我的志願」作文，曾經寫過要當「廚師」或是「科學家」，單純只是覺得自己喜歡吃，而且做菜跟做實驗都很好玩，就是沒有想過要當「設計師」。我很喜歡用「設計」這項技能為大家服務，而「設計」這件事，也總是可以為我帶來很多關注或肯定。

沒有夢想和目標好像很遜，於是不知不覺，「設計」這張標籤，就這樣跟我黏在一塊了。它有個好處，就是「很好懂」，可以讓我很快的被認識和定義。對當時自我認識和自信心都還不是很成熟的我來說，是件很方便的事。

大學剛入學的時候，其實有認真思考過要成為「都市規劃師」，但在學習的過程中，我發現這個領域的專業，跟自己的想法上，有很多過不去的地方，因此放棄了這條路。不過當時對未來要做什麼，還沒有特別的想法。當兵一年的空檔，剛好讓我有很多時間可以思考人生，也出現了一些「直到現在想起來還是覺得很神奇」的際遇，讓我因緣際會成了一名設計師，夢想標籤就這樣意外成真了！

當時我在空軍儀隊中服役，而在我快退伍的時候，軍方決定舉辦「國軍樂儀隊體驗營」，讓一些對樂儀隊有興趣的年輕人可以體驗看看。

「張志祺，你成大都計系畢業的，設計學院應該會點設計吧？」

被副連長欽點，我接到了幫體驗營設計海報的任務，意外做出了當時國防部按讚數最高的一張圖。而副連長因為很喜歡這次的設計，就開心地把海報放上了自己的臉書，結果就這麼剛好，副連長的臉書好友，有台灣創意設計中心的ＰＭ（專案經理），又這麼剛好，他剛好有個 W hotel 的設計海報需求。於是，我就這樣在當兵的後期接到人生的第一個和第二個設計案。

「需要你幫忙設計一個主視覺跟一張海報。」

「然後我會把我們公司的標準字給你。」

「結案後要記得提供發票哦！」

非設計本科系出身的我，比菜鳥還更菜，只好硬著頭皮舉手發問：「不好意思，請問什麼是主視覺、什麼是標準字？」

沒錯，當時的我，真的是連「主視覺」和「標準字」是什麼都不知道。剛好遇到心臟很大顆，敢把任務交給一個菜鳥的客戶，我就這樣接起設計案，也為了開發票，成立了「三少二工作室」。

很多人問我「三少二」有什麼涵義，是希望找到兩個夥伴一起合作的意思嗎？說穿了有點害羞，中間的涵義很簡單，甚至有點中二，其實就是我大學時的綽號「沙沙」的縮寫「沙2」，拆解下來就是「三少二」。工作室成立在退伍之後，我發現做設計好像還活得下來，就這樣開始了接案之路。

對於「做設計」這件事，到底有沒有熱情？變成工作之後，馬上就原形畢露。我很快發現，比起在設計中得到樂趣，更多時間設計對我來說就是一份工作。我開始思考自己在設計之路上的未來，覺得「自己大概做設計做十輩子，也做不過方序中、聶永真吧」！誠實地面對自己在設計上不太夠用的才華與熱情，我獲得了這樣的結論。

好的創意設計，比買廣告有用

因為看不到未來，加上遇到太硬的案子，我身體開始出現問題。左胸口會有悶的狀況，常常覺得吸不到氣，左眼也時不時不由自主地眨眼，還曾經在會議之後，被夥伴追問：「你剛剛一直眨眼是什麼暗號嗎？想跟我說什麼？」

而在就醫診斷後，醫生判定是壓力過大引起的自律神經失調。由於症狀都出現在左半身，每次胸悶發作的時候，真的很害怕自己會死掉，所以也不敢隨意運動。於是，我決定休息靜養，先中斷接案。在靜養期間，一邊也思考下一步該怎麼走。

有一天出門倒垃圾，被吉他的聲音吸引，發現是一位年輕人正在街頭彈著吉他，前方擺著「在地青年，搖滾里長」的小牌子。走近一看，發現吉他竟然是Takamine的，跟我的吉他是同個牌子，所以我就跑去找他聊天，才知道原來他是年底要參選的里長候選人。

太陽花學運結束後，一直聽到有年輕人願意參政的訊息，總覺得社會改革真的需要青年一起支持，一起行動。跟這位里長候選人一聊之下，發現他們競選團隊正缺設計師。由於當時我閒來無事，便答應幫忙做文宣。當時里內其他的候選人都在發面紙，還有人在發專用垃圾袋。說實話，我們沒有這麼多錢可以做這種事，但我很希望傳單可以不要隨便被丟掉，於是里長候選人就開玩笑地說：「乾脆折紙飛機好了。」

這時，我靈光乍現，想到不如我們就設計傳單，專門來折垃圾盒！只要能用，民眾就至少會用一下再丟，讓傳單在大家吃飯的時候，能夠以垃圾盒的姿態，出現在餐桌上。

當時的我就跟現在一樣，有著很愛惡作劇的性格，還曾經以同樣的概念，為當年的台北市長候選人連勝文也設計了「勝文垃圾盒」，想不到一下子在媒體上爆紅，當時覺得很好玩，但現在想起來真的覺得很失禮，在此向勝文說聲抱歉（雙手合十）。不過，那次小小的設計實驗，讓我意識到政治是台灣最火熱，也是可以遍布最多人的活動，這些活動的任何一個部分，都可以影響到很多很多人。

所謂設計，也不是放個圈圈加個名字跟微笑頭像，就可以推出做成文宣品的。如果所有候選人，都能好好重視一下文宣，在這種小用品上強化設計的力量，比辦任何藝術展覽，都有意義。

好的創意設計，會比買廣告還有用！

神祕的「倒垃圾倒到幫忙選里長」的事件後，在機緣巧合之下，讓我意外地參與了另外一個團隊活動，認識到「資訊設計」這個名詞。我才知道原來做設計，可以不只是把東西變漂亮，它可以有別的功能存在！我就像找到了自己的戰場，發現有一個領域可以去學習，有一場屬於自己的仗可以打，才開始了我現在的小小事業。

找到熱情的最小元素

走過夢想標籤突然成真、帶來的現實挑戰與低潮，中間的碰壁讓剛出社會的我，不得不認真思考：如果要賴以為生，自己的熱情在哪裡？

夢想對於大多數人來說，可能真的是個假議題。但至少我們都能做一件事，就是「找到熱情的最小元素」。什麼意思呢？舉例來說，不是每個玩音樂的人，都真的希望成為五月天。

以我為例，學生時期玩吉他社，在社團裡總是擔任美宣，表面上看起來，好像是一個熱愛音樂和設計的文藝青年。但事實上，完全不是這麼回事。我喜歡在社團裡教大家彈吉他，但比起音樂與創作本身，更吸引我的是把複雜的技巧變成簡單的成就感，以及跟大家一起練團、努力完成一件事的「凝聚力」。常常為社團做設計，也不是因為我喜歡設計，而是喜歡「用設計」來解決問題的過程。

打破夢想的標籤，解構出點燃你熱情的最小元素。畢竟，不見得每個人都有偉大的夢想，但每個人一定都有自己真心喜歡、做起來會眼睛發亮的小事。既然我發現自己點燃熱情的元素，是教學、與他人產生連結、用創意解決問題，那我在找尋未來的方向上，就不會侷限在技能上，而會更加寬廣。

這也是現今之所以出現那麼多的「斜槓青年」，為什麼可以同時具備許多看起來完全不相干的身分。仔細觀察，你會發現這些看起來不相干的工作當中，背後一定有一個共通性，就是點亮這個人熱情的最小元素。

找到自己熱情的最小元素之所以重要，是因為在科技與時局複雜多變的今日，拿前人的成就來定義自己的夢想，真的是一件有點危險的事。真心的「喜歡」與「熱情」所在，對每個人來說，都有一個細膩而獨特的位置。我光是去理解自己與「設計」之間的關係，也花了很長的時間。直到二〇一七年，簡訊設計的動畫「責難受害者」拿下德國紅點設計獎時，已經創業兩年的我，才比較明確找到一段最能定義自己對設計熱情的文字。

澳洲裔美籍設計師維克多．帕帕奈克（Victor Papanek），同時也是教育家與哲學家，他曾經說過一段話：「設計的最大作用，並不是創造商業價值，也不是包裝和風格方面的競爭，而是一種適當的社會變革過程中的元素。」

當設計成為社會變革過程中的元素，連結眾人，帶來真實的改變與影響，那真是令人心滿意足、覺得幸福的瞬間！

做設計，可以不只是把東西變漂亮，它可以有別的功能存在！我就像找到了自己的戰場，發現有一個領域可以去學習，有一場屬於自己的仗可以打。

打破夢想的標籤，解構出點燃你熱情的最小元素。畢竟，不見得每個人都有偉大的夢想，但每個人一定都有自己真心喜歡、做起來會眼睛發亮的小事。真心的「喜歡」與「熱情」所在，對每個人來說，都有一個細膩而獨特的位置。

Part 2

鍵盤時代，可以做自己，又賺錢嗎？

〈改變的方法〉你和工作的關係

鍵盤時代，可以做自己，又賺錢嗎？

Chapter

6

「圖文不符」Style：一場懶人包革命，是否可能打破二元對立？

「我到底看了什麼……」

每天在滑手機、看新聞時，你是不是心裡也不時會閃現這樣的OS呢？不少新聞看起來很有趣，點進去才發現：可惡，被標題騙了，還我五分鐘來！而一些敏感議題（像是同性婚姻、廢死或兩岸問題等）的留言區裡，大家的立場則是徹底的沒有交集，讓人有來到異世界的錯覺。仔細思考後我發現，一打開社群媒體，其實就像走進一家迴轉壽司店，讓你以為是你自己「主動決定」要拿下哪個壽司，去閱讀哪一則資訊。

對抗惡質資訊，打破同溫層

但事實上並不是如此。我們只是有意識地在進行「被動的」主動選擇。為了讓每個人花更多時間待在平台上而不感到枯燥無聊，社群平台紛紛採用演算法，推測你的喜好，餵你想看的訊息給你。然而，當我們的喜好被演算法所決定，所接觸到的資訊，就開始被單一化、侷限化，同溫層也就愈來愈厚，不同的想法被屏蔽在外，成見漸深，彼此逐漸難以交流。

虛擬世界的狀態，對於我們在真實世界的溝通會產生影響。所以我一直在想，如果我們都感受到，劣質新聞與內容農場，已經為社會帶來對立與傷害，那我們能不能做些什麼？

有人上街頭衝鋒陷陣、有人加入NPO，有人專程從國外飛回台灣投票……。大家默默在用自己的方式，守護台灣。至於我跟夥伴的方式，則是打開電腦，開始一場「人人都可以參與的資訊鍵盤革命」。

有些人會這麼說：「沒聽過圖文不符，也看過圖文不符的懶人包。」但其實最早的「懶人包」，是過去在PTT上，遇到一些重大事件，例如亂版、八卦或社會事件等爭議時，很多沒跟上的鄉民會留言：「跪求懶人包。」隨後會有熱心人士，將事件的始末與時序加以整理成篇，讓沒有跟上事件的鄉民也能很快理解。

後來，臉書開始流行，有人運用臉書的「相簿」功能，將事件或複雜的知識拆解成一頁一頁的圖卡，打包放在臉書上，就成為「懶人包」的雛形。發現「資訊設

當我們的喜好被演算法所決定，所接觸到的資訊，就開始被單一化、侷限化，同溫層也就愈來愈厚，不同的想法被屏蔽在外，成見漸深，彼此逐漸難以交流。

計」這個戰場之後，我與夥伴後來組成「圖文不符」，而「懶人包」就成為我們的第一個武器。

當時，我在腦中反覆想著，有沒有可能，可以對抗惡質資訊，打破同溫層，甚至做成一門好生意，有機會「一邊賺錢，一邊改造社會」呢？

「Hiho，大家好，我是『三少二設計』的張志祺。」

二〇一四年退伍後，我告別了久居的台南與新竹，來到台北，一邊養病，一邊在外走闖，尋找好玩的事物與人生目標。透過里長候選人的介紹，我認識了一群新朋友，一起組了一個非營利資訊視覺化計畫 Info2Act，意思是「Information to Action」，也就是用資訊引發行動。

當時台灣的醫療資訊透明度，以及醫病關係間的信任感，都比現在低落與脆弱許多，於是我們一群人聚在一起，希望用「資訊設計」改變現況。那時

Info2Act，主要由幾個新創團隊成員一起無償投入，除了「三少二設計」的我，還有來自沃草、泛科學，與資訊設計團隊 Re-Lab 的幾個成員。

找到商業模式，才能持續推動改變

剛從台南北上不久，一下子認識這麼多台北人和台大人，不得不說，真是有大開眼界的感覺，大家都在談「創業」和「business model」。當時還沒有什麼創業概念的我，不時覺得：「哇，大家都好厲害！」尤其是當時 Re-Lab 的企劃王成祥，讓我印象特別深刻。穿著拖鞋，開會時常常默默坐在桌邊吃早餐的他，話不多，但每一句都能直搗關鍵。

三個月的時間裡，大家一起找題目、解析資訊，思考中間有哪些重要資訊要傳遞？如何以適合的插畫呈現？希望讀者接收到什麼？一同把當時震驚世界的「伊波拉病毒」，以及被污名化已久的「亞斯伯格症」製作成懶人包。

「亞斯伯格，其實不是一種病。它是一種特質。」

「我本身是個成年亞斯，謝謝你們說出這些事情，它幾乎就是我從小到大發生事情的寫照。我多麼希望更早一點，就能讓身邊的人了解我這些特質，或許……。」

「我是學校的老師，我希望能把這份資料拿給我的學生看，讓他們更了解班上的亞斯孩子。」

當時是患有亞斯的柯文哲，剛上任台北市長。「亞斯的厚帽子」因為資訊脈絡清晰、插畫風格可愛，引起很多迴響，吸引了一．五萬位網友按讚、一．六萬次轉分享。而宣導「伊波拉病毒」的懶人包，在臉書的分享數也衝到了兩千多次。

當時，「懶人包」的輪廓，還在每個人心中逐漸成形、尚不明朗。不過一群人一起剖析資料、重組資訊、寫腳本、再投入插畫與設計，這個「資訊設計」的過程，不只考量設計的美感，更著重以系統思考來解構事物間的邏輯關係，強調美感與理解力共存的資訊設計，對我來說，好像開啟了設計的另一個新天地。不僅好玩，「亞斯的厚帽子」與「伊波拉病毒」兩個懶人包，在網路上與真實世界引起的迴響，也讓我看到了當中的社群影響力與商機。

Info2Act 為非營利合作案，當時團隊內有夥伴對於把懶人包變成商業模式，相當抗拒。但我認為，如果希望跨出醫療議題，把懶人包應用於社會參與，帶來改變與影響力，沒有商業模式的話，是不可能長期持續地推動。於是，我開始尋找未來夥伴。一開始的想法很單純，想說一位設計師、一位企劃，加在一起就有辦法做懶人包，於是我找上了做事高效又俐落的成祥。

「成祥，你有沒有興趣跟我一起開公司？」

「開公司？你想要做什麼？」成祥問。

「嗯……，我想要一邊賺錢，一邊改造社會！」

我跟成祥說明了希望可以一邊改造社會，一邊賺錢的「商業模式」構想：同時創立一個「社會回饋」品牌，與一間「設計公司」，由「設計公司」接商業案，挹注資金到「社會回饋」品牌，做社會關懷的作品，而「社會回饋」品牌創造的影響力可能會帶來案源，再由「設計公司」承接（現在想起來，還真的是很單純）。

「喔！這感覺會紅，我有點興趣！」成祥邊看著我在廢紙上隨意塗鴉的商模草圖，一邊說道。

「那名字，你有想過嗎？」成祥問。

「叫『簡訊設計』吧，讓資訊變得簡單好懂。」

我用鉛筆繼續在紙上畫下一架紙飛機，說明：「你看，資訊就像一張白紙，折疊的過程讓它變得好看，就像是『資訊設計』的過程，給好的資訊一雙翅膀，讓它飛得又高又遠。」

「資訊設計著重在圖文的搭配，現在網路上有很多『圖文不符』的亂象，那社會回饋品牌就叫『圖文不符』吧！看看我們做這些圖文超相符的資訊設計，能不能跟那些圖文不符的發文有一樣的觸及數！」成祥笑著說。

「哦哦哦，很喜歡這樣有點惡趣味的命名！」成祥立刻把一個最近新建的粉絲專頁，更名叫做「圖文不符」，在二〇一五年的三月，我、成祥與夥伴一起籌錢集資，正式登記成立了「簡訊設計」，也開始招募插畫家，展開一邊賺錢，一邊改造社會的社會實驗！

資源雖少，想做的事卻很明亮

創業初期，一切都是靠著直覺走。剛誕生的簡訊設計/圖文不符很幸運，很快的找到辦公室，也在默默無名的狀況下，招募到優秀的新隊友——插畫家郭郭和林子。

「哦哦，你看，這裡交通很方便，大小好像也剛好合適耶！」我和成祥看著租屋網站上的物件，去西門町看了辦公室，很快就簽約了，傻傻地完全沒有考慮員工未來的成長人數、客戶來開會的門面等問題。

「我覺得很酷的地方是，同一層樓還有種豬協會，是一棟業態很多元的大樓！」後來插畫師林子這麼說。剛創業時的第一間辦公室，在很昏暗的舊大樓裡，租的時候不覺得有什麼問題，後來隨著業務變多，有時候會不好意思邀請客戶來開會。然而，雖然大樓很昏暗，但我們想做的事卻很明亮。

「那時候很棒的是，因為人不多，很容易協調檔期，社會上一發生什麼重大議題，大家討論一下，馬上就能跟上！」插畫師郭郭這麼回憶著。事實上是，創立初期，公司成長很快，一邊接案，一邊運用大約五分之一到四分之一的產能，製作著我們覺得對當時社會來說，很重要的題目。光是成立的前五個月，就累積不少作品，例如：

■「逆轉國會」：我們在公投法修法之際，跟「島國前進」以及插畫師 Scott 合作，製作了「逆轉國會」互動遊戲，讓網友在遊戲中扮演質詢台上詞窮窘迫的新科立委，從體驗中了解什麼是「代議制度」。

（作品 QRCode：）

■「全台最大密室逃脫——大巨蛋」：在台北市政府跟遠雄吵得不可開交，國民看得「霧煞煞」之際，我們製作了圖卡懶人包，模擬大巨蛋失火的逃生情境，帶網友體驗台北市政府和遠雄不同假設下的逃生場景，了解當中的爭議。

（作品 QRCode：）

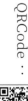

■「要搬家的小林」：過去受大家歡迎的小林，突然要搬家，是為什麼呢？是什麼讓大家突然對他視而不見？這是和疾管局合作「愛滋去污名化」的議題，用繪本的方式，以溫柔的筆調，呈現愛滋病患在社會上遇到的困境與誤解。

（作品QRCode：）

■「塵暴是什麼？」與「史上最完整燒燙傷資訊」：八仙塵爆剛發生之際，台灣社會一片震動，有人在討論索賠；有人同情受害者、指責主辦方；有人責怪傷者自己愛玩……，社會上充斥各種言論與恐懼。圖文不符用資訊圖卡懶人包帶網友關心燒燙傷之後的一切，體會傷者未來漫長的復原之路。

（作品QRCode：）

當時，簡訊設計／圖文不符的大家，把對社會的關懷與愛，內化在一個個的作品當中，從大量散落的資料中，挖掘好的故事，以溫柔有趣的方式呈現，並且重新定義「懶人包」的形式。透過遊戲、繪本與資訊圖表，呈現各種領域的複雜議題，圖文不符的作品始終向大眾傳遞著一個重要的核心訊息：「其實你並不孤單。」藉由這些作品，我們想陪伴每一個人，往自己想奮鬥的方向前進。

在上半年有插畫家林子、郭郭，與設計師 Dyin 等實力派視覺創作者的加入，七月我們捕獲了企劃柯柯。

「你好，我是柯沛初，可以叫我柯柯。」跟柯柯的第一次見面，是在二〇一五年的七月，我們透過成祥的「老爸笑話」徵人啟事（很會說「氣話」的企畫師），找到了柯柯。柯柯是一個超級有趣的人，第一次見面，就發現柯柯的思緒和論述非常縝密。問她一個問題，如果你不打斷，她可以從方方面面不同的角度，一直論述

簡訊設計／圖文不符的大家，把對社會的關懷與愛，內化在一個個的作品當中，從大量散落的資料中，挖掘好的故事，以溫柔有趣的方式呈現，並且重新定義「懶人包」的形式。透過遊戲、繪本與資訊圖表，呈現各種領域的複雜議題，圖文不符的作品始終向大眾傳遞著一個重要的核心訊息：「其實你並不孤單。」藉由這些作品，我們想陪伴每一個人，往自己想奮鬥的方向前進。

簡訊設計／圖文不符的每個人，把對社會的關懷與愛，內化在一個個的作品當中，圖為作品「要搬家的小林」。

下去，彷彿腦裡有一個精采豐富的彩色小宇宙。當時公司還沒有什麼知名度，於是我問柯柯，怎麼會願意來應徵這份工作？

「喔，我之前的工作在廣告公司，因為廣告工作繁忙無法加入社會運動，只能在電腦前面用鍵盤參與很遺憾，我想要用自己的專長嘗試為社會做點事，被『亞斯的厚帽子』吸引後，覺得自己可能可以做看看資訊設計，所以才會離職來投履歷，」柯柯如此回答。

後來柯柯從文案企劃、創意總監，一路做到簡訊設計／圖文不符的品牌總監，漸漸成為我們故事裡，超級重要的角色。

透過資訊設計，讓中間意見被解封

二〇一五年，對台灣來說，是需要療傷的一年。

前一年發生捷運隨機殺人事件，隨後又接連發生了小燈泡事件，社會上人心惶惶。那陣子，大家出門都會帶雨傘防身，在捷運和公車上也不敢滑手機，只要經過台北捷運的江子翠站，車廂裡都是一片緊張與寂靜，有股說不上來的凝重氣氛。當時兇手鄭捷被關在牢裡，正等待判刑。你會發現，那時電視上只要播到相關新聞，大家都很憤怒，也很恐懼，很多人甚至會直接罵出來。

「臭宅男！」

「太沉迷打電動才會這樣，心理變態！」

「趕快槍斃！」

「爸媽出來面對啦！」

真的是打電動促成殺機嗎？是心理因素造成的犯罪嗎？精神疾病是不是真的很危險？社會上瀰漫著許許多多的困惑，壓力與情緒需要找到出口，但彼此的聲音卻都沒有交集。

「我們好像需要來做些什麼……那就來做個懶人包吧！」成祥提議。但該怎麼呈現這樣的議題，能既實用、不沉重，又讓讀者有感呢？每天搭藍線上下班的夥伴們，察覺了大眾運輸上的緊張氛圍，於是我們決定以「捷運緊急防身術」為主題，找了外部的 Ben 一起合作這個看似很鬧、但專注提供實用資訊的作品。

在「捷運緊急防身術——讓我們來談談隨機殺人事件」懶人包中，郭郭創造了線條簡單卻搶眼的角色——「黃臭泥」，登場為大家示範有趣實用的「捷運緊急防身術」。可愛的臭泥一出現就大大減緩了沉重的氛圍，是作品的一大亮點。

接著，我們談「為什麼會發生這樣的事」，整理社會上常見的鄉民網友的說法與角度，再去釐清這些論點中，哪些符合事實、又有哪些是媒體聳動報導下造成的錯誤「標籤」。

最後比對事實與觀點，點出了「精神病患者」與「電動遊戲」在這個議題下的污名化。也借鏡日本、美國和挪威的善後與防治做法，提供大眾更多元的社會安全思考角度。

「@○○○，一定要看啦！你每天搭捷運小心一點QQ。」

「發生隨機殺人事件並不是犯人一個人的問題，有時候牽涉到更多的社會層面。你處刑了一個殺人犯，誰能保證社會不會再出現一個？比起消極，積極更重要！」

「因為很可愛就不知不覺看完了3:」

「已經不習慣沉默了，看著新聞一天天的報導兇手行兇的過程，受害者家屬的悲痛，一再重複著兇手就是神經病的論述方式報導，然後提到廢死議題。……希望用這樣自保保人『有營養』的內容，翻轉網路世界隱善揚惡的陋習。」

很多人轉傳這份懶人包來關心朋友，或說說自己對事件的看法（也有很多人說很喜歡臭泥）。有了負面新聞以外的討論媒介，中間意見像是被解封印一樣，從「該死」與「廢死」的二元論中釋放出來；社群平台上展開了各種討論，不同觀點

捷運!終極防身義
緊急防身術

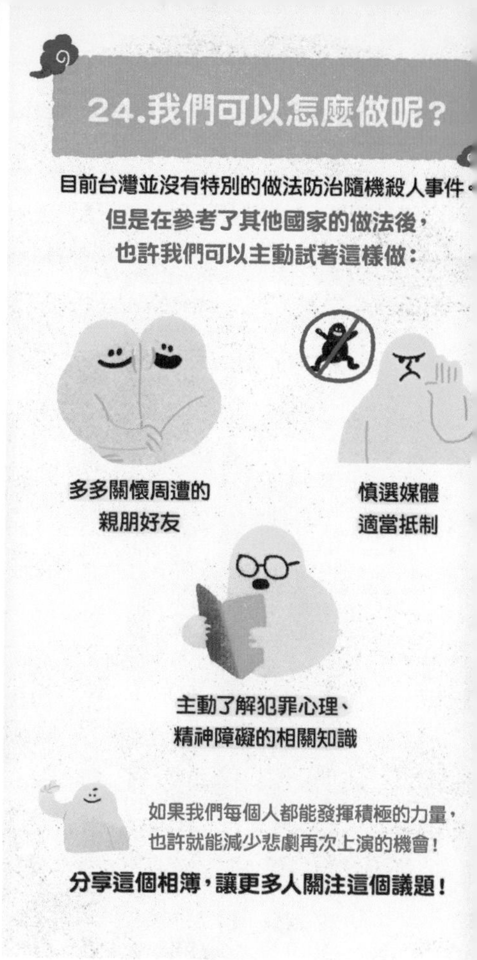
24.我們可以怎麼做呢？
目前台灣並沒有特別的做法防治隨機殺人事件。
但是在參考了其他國家的做法後，
也許我們可以主動試著這樣做：
多多關懷周遭的
親朋好友
慎選媒體
適當抵制
主動了解犯罪心理、
精神障礙的相關知識
如果我們每個人都能發揮積極的力量，
也許就能減少悲劇再次上演的機會！
分享這個相簿，讓更多人關注這個議題！

「捷運緊急防身術」懶人包讓社會大眾慢慢跳脫恐懼與對立，至今在 Facebook 上積累了近九萬的個按讚數和破萬的分享數。

與立場的想法彼此交換，大家都能藉由懶人包，慢慢跳脫恐懼與對立。緊張、害怕、悲傷的情緒，透過有意義的討論而找到出口，也意會到其實所有人的內心都為這些事情感到悲傷、困惑，自己並不孤單。

三十頁的懶人包，發布之後，在一星期內觸擊了數十萬人次，小燈泡事件發生後，再次引起關注，至今在Facebook上累積了近九萬個按讚數、破萬的分享數，更有數百則支持的留言。差不多在這個時候，圖文不符漸漸獲得了「懶人包始祖」的稱號。

讓人理解，才有力量改變

不過「用資訊設計，改造社會」的夢想，有達成嗎？創立第一年，簡訊設計／圖文不符很快地從兩個人，成長到十多個人（下半年就把隔壁辦公室也租下來了），執行超過一百五十件資訊設計作品，總觸及人數高達兩千五百萬人次以上。在透過懶人包進行社會溝通時，我們發現，用資訊設計涉入社會議題的討論，雖然仍然吃力不討好，但的確有機會促成改變。而願意相信改變的可能，就是溝通的開始。大家要相信人會改變，如果你不相信人會改變，那溝通就很難成立。

所謂的溝通，必須先了解對方的思考脈絡。我們可以不認同他的結論，但必須要肯定對方所經歷過的歲月，他所看見的事物、經歷的生活，然後在對方也能理解的脈絡下，嘗試告訴對方，其實同樣一件事有不同的脈絡可循，接著再針對對方相信的事物進行解釋。

既然想陪伴每一個人，往自己想奮鬥的事物靠近，那當然在訊息的溝通傳遞上，也要用同理心，才能創造真誠的溝通。

讓人理解，我們才有力量改變。

打破劣質資訊的惡性循環造成的社會空轉

還記得開頭提到的壽司店嗎？如果說優質資訊是蒼白的醋飯，而假消息、內容農場是甜美的蛋壽司，那我們做資訊設計的目標，就是要讓優質資訊成為豪華的鮭魚壽司，藉由比劣質資訊更精采可口的呈現，促成良性的資訊循環，打破劣質資訊的惡性循環造成的社會空轉。

綜觀資訊的生命週期，其實會接觸到三類人：資訊的生產者、傳遞者和接收者。很多人會問，資訊設計需要注意什麼？做為資訊流動時第一線的角色，我認為生產者要誠實而審慎的面對資料，傳遞者包括小編、媒體，或是在自媒體上分享資訊的每個人，需要基於自己的良善價值觀與立場進行傳播，最後，我們每個人都是資訊的讀者，有權利選擇自己要的資訊內容，並檢視、質疑資訊的真實性。

當資訊流動中的每個角色，都有自己相信的價值與信念時，資訊的革命才有辦法成真。

相信改變的可能性，是溝通的開始。大家要相信人會改變，如果你不相信人會改變，那溝通就很難成立。既然想陪伴每一個人，往自己想奮鬥的事物靠近，那當然在訊息的溝通傳遞上，也要用同理心，才能創造真誠的溝通。

資訊設計需要注意什麼？

1. 做為資訊流動時第一線的角色，生產者要誠實而審慎的面對資料
2. 傳遞者包括小編、媒體，或是在自媒體上分享資訊的每個人，需要基於自己的良善價值觀與立場進行傳播
3. 最後，我們每個人都是資訊的讀者，有權利選擇自己要的資訊內容，並檢視、質疑資訊的真實性

當資訊流動中的每個角色，都有自己相信的價值與信念時，資訊的革命才有辦法成真。

Chapter

7

當單幹王碰上強者我朋友：超斜槓，就能一直華麗單幹下去嗎？

會在團隊內成為領導者，或是會跑出來創業的人，其實多多少少都有一個特質：那就是可以一個人完成很多事。包括自學能力很強、很容易不小心長出新技能、什麼都可以自己來……，這些都算！

這些擅長一手包辦一切的「斜槓單幹王」，在隻身開疆闢土的時候很吃香，成就很容易被看到，進而成為團隊領袖；但真的走進團隊之後，過去單打獨鬥的優點，反而常常成為阻礙團隊的大問題。

沒錯，上面說的「斜槓單幹王」，其實就是我自己。

與夥伴同行，能走得又快又遠

不得不說，承認自己過去的優勢是大家的痛點，真的是件很痛苦、很難面對的事，但擁有這樣的自覺卻是成長必經的道路。有句話說：「一個人走得快，一群人走得遠。」但現代社會，其實是貨真價實的「群架時代」，不論是要走快，還是走遠，都需要一群人才能辦到，因為市場趨勢變化實在是太快了！

當我們需要隨時快速調整狀態做出回應時，這時候，如果有夥伴能夠一起分擔，就會大幅提升面對變動時期的穩定性。

在合作上，有強者我朋友，是件很幸運的事，不過，很強的朋友，卻不是創業旅程「從此幸福快樂」的金牌保證。而且，要讓強者我朋友可以發揮，單幹王還必須自我調整，面對一段從「我」到「我們」的體質轉換陣痛期。

正因我自己走過這樣的一段路，感觸特別深，但回想起來，痛苦、卻也收穫滿滿。故事，要從一個加班的夜晚開始說起。

「志祺，你要不要考慮不要再做設計了。」

在會議室裡，成祥一邊吃著便當，一邊認真地跟我說。我一口飯停在嘴巴裡，突然有點吞不下去。那是一個趕案子的晚上，我和成祥一邊晚餐，一邊討論著手邊案子的進度。

學會放手，幫助夥伴成長

回想起來，那陣子的狀況真的不是很好，公司成立四、五個月了，雖然一開始是用設計師的身分跟成祥組隊，不過隨著時間過去，我身上AM（Account Manager，客戶經理）的角色愈來愈重，時常花上許多時間，在外洽談新的合作機會。事情彼此堆疊，眼看公司一些事情的進度，逐漸開始卡在我身上，加上靠著成祥的老爸笑話創意徵人廣告——「總是摸不到四萬嗎？」裡的一顆麻將，找到了第一位設計師夥伴Dyin加入了團隊，分工開始有了變化。

Dyin做設計速度之快，常常我做兩、三週才能搞定的東西，Dyin可能兩、三天就完成了，而且還做得又快又好，讓我能安心地把大部分的設計工作交給她。但畢竟很多案子都是我帶回來的，有時候還是會忍不住想參與，不論是在企劃或設計

「一個人走得快，一群人走得遠。」但現代社會，其實是貨真價實的群架時代，不論是要走快，還是走遠，都需要一群人才能辦到，因為市場趨勢變化得實在是太快了！如果有夥伴能夠一起分擔，就會大幅提升面對變動時期的穩定性。

的部分，都會有手癢的時候。

「少睡一點，應該做得完吧！」

「好想跟大家一起完成，我這次負責這樣一點點就好了……」

「這個拚一點的話，沒問題啦！」

心裡雖然這麼想，但是，每當我打開電腦想開工的時候，總會有重要客戶打電話進來，或有臨時的會議或採訪冒出來，於是，手邊的進度就一再地拖延……。

「你如果一直堅持你想做的事，不交給專業的來，會害到團隊的，」已經吃飽的成祥，一邊收拾桌面，順道再補一箭。唉唉，不愧是被大家稱為「轟天雷」的成祥（編注：某次在申請貼圖上架，填「職稱」時，成祥想起以前讀過的水滸傳，順手寫下「轟天雷」三個字，居然申請通過。從此，「轟天雷」就成了他在公司的稱號，在團隊中他也的確是一道轟天雷，擔綱重要而清醒的聲音）。話都說成這樣了，我不得不靜下來，好好思考一下，一切到底出了什麼問題。認真盤點自己與團隊工作狀況後，我發現雖然創業只有短短幾個月，但當時團隊已經迅速擴張到快十個人，改變其實很大，驚覺自己真的已經不能再用過去的方式，來看待自己與團隊的產能之後，我發現，這其實是一道很簡單的數學題。

身爲單幹王，我自認為效率不錯，夠斜槓，也夠拚，一個人可以當兩個人用。假設在四人團隊之中，因為我的多工，多了一個人的產能，公司能做五個人的事，增加了二五%的產能，這時候單幹王的特質，的確是為團隊加分的。但是，當公司成長到十人團隊，人數是過去的二．五倍，我的單幹產能，並沒有辦法與公司的成長等比例上升（畢竟不是超人，也沒有被特種蜘蛛咬到），還是維持在「加一」的狀態，而且這個「加一」，還有副作用。

即使我已經很努力在做了，但因為我手上的工作，常常是關乎全公司的進度，只要我慢了一點點，就會變成大家都在等我回應。假設每週拖到一天，就等於有兩成的工作被我卡住，九個人的空轉，加起來就有一．八個人力被我消耗掉。扣掉斜槓得來的那份產能，我個人對公司的貢獻，最終還是負的。

釐清狀況之後，我才發現事情果真不是我「努力」或「拚拚看」就可以解決的，我需要轉換視角，重新思考。

話雖如此，看清楚問題之後，更難的是要克服人性的選擇本能與思維慣性。當一個人可以達到兩倍效能，做著熟練又喜歡的事，又有成果，就會很本能地懷念這樣的黃金時刻，想複製這樣的成功。因此，不管是對創業者，還是公司內部的領導人來說，組織化都是一個從「我」到「我們」的過程，要成就一個更大的目標，你得要學會放下一些事。

在那個當下，對我來說，「效能的提升」已經不是自己的產值上升多少的問題，而是變成思考如何幫助大家，可以在自己的位子上正常運作。當大家一起做得好的時候，黃金時刻就會回來。

野牛獵手與奇獸飼育師各司其職，合作無間

單幹王遇到了強者我朋友之後，從一開始欣賞大家的才華，漸漸學會、轉變為仰賴大家的才華。

我和成祥在團隊裡的角色，分工一直很明確，一開始他是企劃，我是設計師；隨著組織擴大，我們的分工漸漸轉化為，成祥負責內部營運，品牌總監柯柯掌管企劃和品牌形象，我則主責外部合作。在小小的會議室裡，我對成祥提出過無數個新的想法。

「成祥，我覺得懶人包要進入紅海了，我們得開發新的產品。」

「成祥，我覺得現在做線上課程，很有機會！」

「欸，美感細胞在做『美感教科書』，很有意義，要不要一起下去幫忙？」

「成祥，公司需要經營一個 YouTuber IP，對未來會很有幫助！」

嗯，沒錯，要在公司展開新項目，第一關，我得先說服成祥。或許用下面這樣的場景，更能具象化簡訊設計／圖文不符的內部運作狀況：

想像你的眼前有一片一望無際的大草原，而在這個求生存的戰場上，我就是部落派出去，負責到處走跳觀察，隨時準備打野牛（新事業或新機會）的角色。當我確定這隻野牛是我們部落需要的之後，就會把牠帶到成祥與柯柯的面前：「來，交給你們囉！」

如果說我是「野牛獵手」，成祥與柯柯就是「奇獸飼育師」。成祥與柯柯會開始針對我帶回來的新野牛進行研究，看看牠是什麼品種？吃什麼？會產出什麼？適合什麼樣的風土氣候……？研究清楚後，系統性建立飼養這頭野牛的方法和流程，於是部落又多了一個新品種經濟動物。

看起來好像很讚？不過大多時候，我這個「野牛獵手」都只會（不小心的）帶回災難。我曾一度在短時間內帶回太多隻野牛，沒有考慮到部落的牧草與人手有限，就要大家處理，搞得大家非常崩潰。幾次下來，部落覺得不是辦法，才漸漸協議，建立了「保護機制」。

首先，我得先說服飼育師，這頭新牛能為部落帶來什麼好處與未來性。奇獸飼育師會先審慎檢視我帶回來的每頭野牛，檢查通過之後，飼育師還要評估可行性，估算需要哪些資源，如果目前部落資源不足，得一起讓資源到位，野牛才能進入部落，不然就不准帶回來！

時間過去，我們逐漸了解彼此的屬性與專長。在外面走闖，我比較容易看到新的趨勢，善於促成合作與愛交朋友的個性，可以找到簡訊設計／圖文不符未來的可能；而「轟天雷」成祥則有一雙能看穿事情未來可行性的眼睛，能精準評估一個新事業所需的資源與時間，讓一切都能真正付諸實行。

彌補錯誤最好的方式，是告訴更多人正確想法

在外面走闖，常常帶回來機會與新合作，但有時候也會給團隊帶回麻煩。

二〇一六年的十一月，我在 TED x Tainan 跟大家分享了一小段關於「一場你我都能參與的資訊鍵盤革命」的短講，其中提到團隊的一個作品——「史上最完整燒燙傷資訊圖表」時，我脫稿講出了這樣一段話：

「會想製作這個作品，是因為看到了當時社會上的一些輿論，有很多人在責怪醫護，但卻沒去思考，為什麼這些人要去這麼危險的地方，也因此，我們希望能導正這樣的輿論方向，讓大家能更同理醫護的處境。」

嗯，沒錯，我也犯了「責怪受害者」的思考謬誤，但我卻完全沒發現！好在後

來有朋友在某天晚上突然敲我，用很嚴肅的開場，跟我說這些話是有問題的，告訴我一些關於「責怪受害者」的心理學概念。

老實說我當下很難過，但我想自責應該改變不了什麼，既然自己錯了，我能做的就是為這個議題發聲，讓更多人知道這些概念。隔天，我跟成祥把事情的來龍去脈和「責怪受害者」的概念說了一遍，而成祥（在狂嗆我之餘）也認同我們該做些什麼。

於是他聯絡了他當時正在美國當臨床心理師的朋友 Yu-an，透過翻閱相關資料、互相討論，完成了第一版的腳本。然後告訴團隊夥伴：「我們想要做一個談『責怪受害者』心理相關的動畫。如果我們犯了這樣的思考謬誤，那我們該做的或許不只是道歉，而是該把我們學到的這些知識，告訴更多的人。」

整個團隊因此動了起來，設計師、動畫師、插畫師、企劃師、專案經理……，團隊裡的每一個成員，都希望讓這個作品能以最完美的樣子，呈現在大家的面前，為這個議題發聲。我想這就是簡訊設計／圖文不符最珍貴而迷人的地方——我們每一個人，都會願意為了這些重要的事情、心中信仰的一些價值，付出大家難以想像的巨大心力。

這支影片最後的一句台詞，是「期待有一天，能讓更多的人，停下鍵盤上批評的手。改用正面的理解和接納，一同撫平社會上的傷口」。

影片整整做了一年，腳本裡的一字一句、設計的一筆一畫、動態的每一個動作與轉場，都承載了我們真心的期盼。

資訊設計能不能改變世界呢？其實我也不知道，也沒認真想過，但我始終相信：從資訊出發，讓人理解，才能改變人們的價值觀，一點一點的改變，才有機會撼動整個世界。

後來，這支因我犯錯而起的動畫——「為什麼，我們會指責受害者，而非加害者呢？」的畫面，登上了印度Google女權大會「為印度女性安全而設計論壇」，Global UX的分享舞台，也得到二〇一七年德國ＩＦ設計獎、德國紅點設計大獎Best of the Best、日本GOOD DESIGN、金點設計獎年度最佳設計等獎項的肯定。

我們每一個人，都會願意為了這些重要的事情、我們心中信仰的一些價值，付出大家難以想像的巨大心力。我始終相信：從資訊出發，讓人理解，才能改變人們的價值觀，一點一點的改變，才有機會撼動整個世界。

2017 年，簡訊設計的動畫作品「為什麼，我們會指責受害者，而非加害者呢？」拿下德國紅點設計大獎、日本 Good Design 及金點設計大獎。

不過，比起得獎，更讓我們感動的，是粉絲們的恭喜貼文，裡面提到這支影片對他們帶來許多的改變：

「自從認識圖文不符以後，我開始願意關注從前不關心的議題，從不同角度去觀看事件。謝謝！也恭喜你們。」

「很多意外發生時，過度評斷受害者行為的人，像罵對方『蠢、活該、這是常識啊、你怎麼會犯這種錯』等等。其實認真想想，誰不會遇上意外或疏忽的時候？」

「八仙傷者簽到！很感謝有這篇，讓更多人擁有知識而減少責備受害者的聲音。個人認為比起復健開刀什麼的，被說活該還更難受……。」

人生路上，時不時會有跌倒、碰壁的可能，此時旁邊如果有人，能夠順手互相扶持一把，你可以更快站起來，相對來說可以走得快很多。把事情放長遠來看，你就會知道，比的真的不是誰跌倒的次數少，而是每次跌倒，誰站起來得快。

「那個影片真的很棒！雖然社會的偏見仍在，但我相信很多人，包括我自己，都是因為你們這支影片，才開始反思或注意到這個社會的不公平現象，並學會拋棄主觀思想的批判，用更適當的角度，去看待真正的受害者，或更進一步的給予受害者更多的關懷與溫暖。」

因為一個犯錯，讓一個亟需被看見的議題被世界看見，也讓受傷的人，感受到被陪伴。這不是我一個人可以帶來的改變，這個功勞也沒有任何一個人可以獨占，團隊裡的每一位夥伴，都是成就這支動畫最重要的那根支柱。真的要謝謝圖文不符裡的每一位強者我朋友。

曾經有人問我：「想成就什麼事，組隊是唯一解嗎？如果我真的很強、很斜槓，科技那麼發達，很多事都可以用發外包來處理，我是不是可以玩自己的？」

愈是斜槓，愈需要強者我朋友

我的答案是：在實踐理想的路上，如果你是單幹王，那你更需要了解自己的屬性，至少找到一位可以與你互補的強者我朋友！因為，在實踐理想的過程中，再強大的人，常常也會面臨裡裡外外各種挑戰，需要同步處理，對內需要審慎細心，對外需要大膽進取。如果沒有夥伴一起分工迎戰，很容易陷入人格分裂、顧此失彼的窘境。

更重要的是，人生路上，時不時會有跌倒、碰壁的可能，此時旁邊如果有人，能夠順手互相扶持一把，你可以更快站起來，相對來說可以走得快很多。把事情放長遠來看，你就會知道，比的真的不是誰跌倒的次數少，而是每次跌倒，誰站起來得快。雖然走在路上，一定也會有吵架的時候，但回頭看，只要目標與憧憬還一致，總能找到一起往下走的方法。

活著不太容易，有人一起結伴同行，真的很棒，不是嗎？

愈是斜槓的人，我認為愈需要強者我朋友的救援，來幫助自己平衡多工與快速變動所帶來的不確定性。

我很感謝一路上的強者我朋友們，在人生的路上，為我撐起了一些空間，讓過去擅長單打獨鬥的我，有機會在創業的路上，漸漸學會怎麼打團隊戰、學會怎麼當經營者，而且隨時都能夠動身，放膽學習，走入下一個新的斜槓身分。

不管是對創業者，還是公司內部的領導人來說，組織化都是一個從「我」到「我們」的過程，要成就一個更大的目標，你得需要學會：

1. 放下一些事
2. 思考如何幫助大家，可以在自己的位子上正常運作

當大家一起做得好的時候，黃金時刻就會回來。

Chapter

8

一份改變世界的工作：改造社會，也能賺錢嗎？

「邊工作，邊改造社會，真的能賺到錢嗎？你們是怎麼活下來的？」不論是演講，還是訪談，創業這些年來，生存問題絕對是我被問過最多次的問題之一。

世界是被商業利益所推動的，我一直相信，如果要讓一件好事一直做下去，一定要讓它和商業獲利綁在一起，只有形成一個機制，它才會持續滾動下去。但是，要找到一個好的商業模式，真的是有夠爆炸難的。

要先存活，才能兼顧理想

簡訊設計／圖文不符成立五年，能強運存活至今，在商業模式上，其實也走過一段跌倒再站起來的摸索之路。一開始的確很幸運，因為作品紅得很快，團隊很快就接到很多公部門與企業的大型合作專案，所以人數也高速成長，一路從四人成長到五十人。但營運本身就是一件複雜且充滿眉角的事，即使案子很大、很多，但是只要你沒有做對某些事，在年底看財報的時候，還是會大吃一驚。原來世界最遠的距離，就是我以為我有賺錢，但其實沒有！

再來，人數也已經成長到你回不去的狀態了，單純接案的模式，再繼續下去，不只會難以支持團隊希望持續回饋社會的理想，也負擔不起過去我們堅持高於業界的薪資水平。

眼看眼前唯有轉型一條路，簡訊設計／圖文不符經歷整整兩年調體質、找商模，通過持續探索，才終於看到一點端倪，在人數持續成長的同時，讓營業額也跟著預設的目標慢慢上升。雖然關於商業模式，我們一直還在摸索的路上，目前才略懂「如何存活同時兼顧理想」，找到自己的一套方法。

找路的開始是在二〇一六年的冬天，一個充滿驚嚇的夜晚……。

「呃……，你確定今年獲利只有這樣嗎？」二〇一六年的年底，要發年終獎金的前夕，我跟成祥驚呆地坐在會議室裡，看著年末的財務報表，不敢相信。

「我以為我們今年有賺錢……」我打破沉默。

「我也是，我以為今年可以發出多一點的年終……」成祥接著回答。

會以為今年有賺錢，不是沒有原因的。

不賺錢的魔鬼藏在經營的細節裡

當時公司已經成長到二十六人，除了執行了不少大型專案，還首次和 Hahow 合作線上課程——「讓圖不只是好看的——資訊設計思考力」，成為平台上第一個突破一萬多人次的熱銷課程。團隊前兩年的經營，比較接近工作室的形式，找到理念契合、又很棒的人進來，讓大家有很大的自由度，各自把自己的事情做好。

「都已經接到那麼大的設計案了……，難道是因為做案子這件事，本身就不太能賺錢？」我提出猜測。

「這我打個問號，我覺得如果我們自己效率有控好的話，應該也不至於變成這樣，」成祥表示。

我認真思考了一下，簡訊設計／圖文不符的夥伴們，不論文案企劃、設計師、插畫師、動畫師、網頁設計師等等，都是對於作品質感極為要求的人。一個案子在

世界是被商業利益所推動的，如果要讓一件好的事情一直做下去，一定要讓它跟商業獲利綁在一起，只有形成一個機制，它才會持續滾動下去。

大家互相要求的堆疊之下，的確常常會愈演愈烈，不顧成本的讓作品成為大家心目中的樣子。

不過，這只是推測，因為管理數據不足的緣故，任憑我和成祥想破頭，還是猜不出怎麼會沒賺錢。雖然有一些靈光，但還是沒有一個準確的答案。和成祥反覆討論之後，我們決定採取兩個行動。

首先，我們花了一些時間，細細地跟所有人溝通這個「謎之沒賺錢」的狀況，說明年終獎金為什麼沒有預期的豐厚，同時也是對焦大家對現況的認知，預告後面在工作流程和組織上，會開始有一些調整。接著，轟天雷開始發威，開啟了為期兩年的組織與工作流程調整，其中最大的改變，有以下兩點：

1「功能性組織」轉變為「產品性組織」：過去簡訊設計的組織，是分為插畫部、企劃部、設計部等等，把同屬性的人聚集在一起，以功能劃分部門。但後來發現，這樣不管是在專案溝通，還是人力資源配置上，都相當缺乏效率。於是我們改以「產品與服務類別」為單位劃分組織，每個產品都有自己專屬的文案企劃、設計師等專屬人力。

目前公司有「社群部」、「動畫部」、「網頁部」，以及後來成立的「線上課程部門」與「YouTube 部門」，共五大產品部門。另外也成立「營運部」，負責客戶關係與內容品質監控，以及跨部門協調。「聽起來很複雜，但簡單來說，就像在經營五家小工作室，」根據成祥的說法：「與其說我們是一家五十人工作室的老闆，不如說我在經營一個有五家小工作室的 co-working space。」

2「登錄工時」與「協調人制度」：公司最大的成本就是人力，為了有辦法精準計算出所有專案的成本，我們開始要求所有同事，登錄每天的工時與各時段對應的專案。也下放決定權，建立了各部門的「協調人」制度，協調人負責控管各產品部門的總工時，如果遇到專案需要加班，就要事前跟部門協調人進行溝通。除了控制工時，各部門協調人雖然不用背業績，但有義務和 AM（客戶經理）一起控制各部門在製作上每個月所創造的業績。因此，如果有案子進度被拖延，是有機制在監控的。

組織內控先打好了基礎，商業模式的調整才有機會落實，兩者需要同步前進。組織調整之後，日漸龐大的公司，彷彿又輕盈了起來，回到我們可以承受的管理維度。透過明確化各產品部門的產品與檔期，建立專案內部彼此支援的計價方式，團隊在遇到跨部門交換資源的情況時，變得有誘因，且目標一致，不論是對外作品的表現，或對內合作的效率上，都更能展現公司多產品的優勢。

沒有一勞永逸的商業模式，必須不斷創造第二成長曲線

回答大家最常問的問題，改造社會到底要怎麼賺錢呢？和大家分享截至目前為止，我們商業模式的演變可以分為四個階段：

1 你養我、我挺你的「雙品牌模式」：也就是最開始，由「簡訊設計」接商業案養活大家，然後投入全公司二五％的產能，進行公共政策、文化、衛教、心理等社會議題創作，透過「圖文不符」品牌做社會回饋，品牌效益，也為簡訊設計帶來許多優質合作的機會。

2 連結大眾做公益「訂閱式集資」：組織日漸擴大，面對生存壓力，也眼看社會上值得關注發聲的重要議題愈來愈多，我們不希望因為商業案，而讓社會參與的投入變得不穩定。公益項目要長久，我們希望「圖文不符」能找到一群支持它的受眾，可以穩定長期的一直做下去。於是與「嘖嘖」合作了訂閱式集資的專案，將「圖文不符」長期以來累積的粉絲，轉化為訂閱會員，每個月七十元，用一杯咖啡的錢，和我們一起讓社會變得更好。

如此一來，除了簡訊設計每個月的投入，加上訂閱會員們的支持，「圖文不符」

可以穩定產出重要議題的內容與懶人包。隨著募資金額的浮動增加，還有機會增加製作數量。

3 突破夾縫中求生的「設計產業一條龍」：說來慚愧，本來都不是設計圈的我和成祥，直到踢到鐵板，才開始認真研究「設計」這個產業。盤點之後，了解設計在行銷產業中的角色，以及近年產業流程結構的改變。過去，行銷產業從客戶端到消費者，中間會經過公關廣告公司、設計公司與各大媒體，其流程如下所示：

> 客戶↓公關廣告公司（顧問、策略、包裝，利潤三〇%）↓設計、影像、動畫公司（執行，利潤一〇%）↓各大媒體（廣告投放，利潤六〇%）↓消費者

概括性地抓了一下預算分配，由於公關公司扮演「大腦」的角色，擬定行銷策略、找到適合的團隊，所以拿下了三〇%的預算；而後面的媒體因為占據連結到消費者的「通路」，擔任「嘴巴」的角色，所以可以拿下六〇%的預算；至於負責內容製作的設計、影像或動畫公司，因為擔任「手」的執行角色，在整個專案中，只拿下一〇%的預算。唉，是不是可憐了？所以業界的設計師真的都很辛苦。

察覺到這個狀況之後，簡訊設計的商業模式開始往「內容整合行銷」的角度調整，我們不只要當行銷產業的手腳，還要成為大腦、成為通路。涵蓋發想、企劃、執行到與觀眾接觸的媒體角色，把業務範圍延伸到產業上下游。

從這樣的經營角度來發展圖文不符與後來的「志祺七七」YouTube頻道，也成功讓我們不只是做設計，也透過擔任最末端媒體的角色，在專案執行上能獲得比較好的利潤。

4 和時間做朋友的「被動收入」：關於和時間做朋友的「被動收入」這部分，我先講結論，再說故事。

設計做再好，結案之後，還是得從零開始接，就算是再厲害的設計公司，對於是否能隨時都有案子，很多時候還是無法操之在己。因此對我們來說，所謂「被動收入」就相當重要，目前我們開闢了兩大產品線。第一個是與Hahow合作的線上課程，從二〇一七年開始，有幾組課程在募資期間就破萬人購買，第一波的集資收入就可以把成本攤平，而且在集資期過後，只要有學員購買課程，每天早上打開信箱，都還會持續進帳，湧進被動收入。當有新課推出，還能帶動舊課的銷售。課程產品的重點在於，投入之後，只要產品夠好，時間將能帶來長尾效應，一次性的努力可以帶來長期的回報。

而第二個被動收入的來源，是後來開張的知識型 YouTuber 頻道——「志祺七七」。除了舊的影片每天會不斷帶來新流量，賺取廣告收入，符合被動收入原則，一天的瀏覽量有五成以上來自舊影片，團隊的努力可以隨著時間的推進不斷累加。

擴大公司角色，讓產品衍生長尾效益和被動收入

至於這兩個商業模式怎麼來的呢？其實也是誤打誤撞下，意外的收穫。由於發現沒賺錢，代表我們的商業模式碰到瓶頸，不得不轉型了，我和成祥也就不得不坐下來好好討論，下一步該怎麼走。

「線上課程好像很不錯耶，你看我們做完上架之後，每個月錢就自己進來，為我們帶來穩定的收入，」我說。成祥思考了一下，剛好那陣子新成立的「營運部」在徵特助，有三個相當不錯的人來應徵，更剛好的是，YouTube 頻道的籌備也差不多水到渠成了。

「不如我們把三位人才都留下來，一位做特助、一位去 YouTube 部門、一位去課程部？」我提議。成祥思考了一下，覺得可行。於是，簡訊設計／圖文不符當中，貢獻「被動收入」最多的兩大部門，就這麼成立了。

憑著直覺，誤打誤撞成立部門，隨後思維才趕上。其實答案就藏在成祥做決策時，常講的那句話裡：「你要把時間的因素考慮進來。」以我們團隊超M的屬性來說，如果我們每件作品，都是投入大量心力、用心製作的精品，拿來換取一次性的收入，當然容易賠錢，但如果每件作品的誕生，都變成是對未來的「投資」，那故事就不一樣了。

上述的觀念，如果轉換成投資的語言，我想關鍵字就是「被動收入」。我們可以學著和時間做朋友，投入在可以帶來「長尾效益」的產品。自此之後，我們在策略思維和自我定位上，有了根本性的轉變，充分了解到光憑「純設計」，在這個產業裡實在是太難賺到錢了！於是在策略思考上，現在我們已經不把自己定義成一家「設計公司」，而是把「設計」當做「用來解決問題」的一項工具。

但無論商業模式如何轉換，不變的是，我們都會為「改造社會」這個信念，保留資源與位置。有人問我說：「怎麼可能有一家公司，所有人都想改造社會，這不符合人性！」我認真思考了這個問題，認為所謂「改造社會」，就我自己來說，初衷其實不是多偉大的願景，甚至還有點任性和中二，就是實現「自己心目中理想的世界」。

舉例來說，我自己有朋友是同志，看到他們相愛卻不能結婚，我內心會想：「不對啊，世界不應該是這樣的。」那團隊夥伴當中，也有很多人是性別平權的支持者，我們的出發點可能有各自的理由，不見得每個人都像我想的一樣，但只要目標一致，這件事就會有「往那樣好的方向去成就」的默契。

於是一路以來，在商業案的夾縫中，我們一直努力推出許多作品，支持性別平權的推動。包括二〇一六年參與「政問」，協助策劃性別平權法案的討論；二〇一七年推出「出櫃那件小事」議題遊戲與活動網站，收集了近一百位網友珍貴的出櫃故事；同年在五月十七日「國際不再恐同日」，推出「不再恐同」的資訊設計。

到二〇一八年公投前夕，「圖文不符」與「志祺七七」都有推出公投相關的資訊設計與影片，支持這個議題直到歷史性的一刻來臨，甚至在同婚法過關之後，我們發現社會上對於同志的歧視與霸凌還是存在，於是在二〇一九年與好友共同推出了「真心話．大冒險」這樣一個支持「不再恐同」概念的ＩＧ互動式遊戲。

一群人這一連串的努力，其實也不是為了什麼，只是讓我們又離「自己心目中

決策時，要把時間的因素考慮進來。如果都是投入大量心力、用心製作的精品，拿來換取一次性的收入，當然容易賠錢；但如果每件作品的誕生，都變成是對未來的「投資」，那故事就不一樣了。

理想的世界」更近一點，也有幸能成為別人的力量，沒有什麼比這個更令人滿足的了。

願景是你前進的北極星

在尋找商業模式的路上，我們的經驗是，如果你在做決策時，能夠把「時間」因素考慮進去，用長期的時間（三到五年）來思考團隊或個人的行為規劃，想法其實就會有所不同。而除了在設想目標時，試著把時間的因素納入考量外，在分配資源時，若把時間的「複利」考慮進去，就有機會讓成果不斷累積與加乘。這個概念不只適用於經營公司，在思考個人未來規劃時，也同樣適用。成果如果可以被累積與加乘，你可以事半功倍。

此外，在過程中，釐清真正的目標與過程中所需使用的工具，也相當重要。就

簡訊設計／圖文不符二〇一七年推出的作品「出櫃那件小事」，希望透過支持性別平權的推動，讓世界更好。

像我們花了不少時間，才釐清「設計」只是團隊達到目標的工具，把設計做到最美、最好，不是我們的目標；幫助合作對象解決問題，同時讓團隊夥伴獲得合理的報酬，又有餘裕投入社會參與，讓世界變得更好，才是我們真正的目標。看清楚內心真正想達成的願景，不論是自我定位或是策略的選擇，都會隨之清晰。

「設計」只是團隊達到目標的工具，把設計做到最美、最好，不是我們的目標；幫助合作對象解決問題，同時讓團隊夥伴獲得合理的報酬，又有餘裕投入社會參與，讓世界變得更好，才是我們真正的目標。

改造社會，到底要怎麼賺錢呢？我們商業模式的演變可以分為四個階段：

1. 你養我、我挺你的「雙品牌模式」
2. 連結大眾做公益「訂閱式集資」
3. 突破夾縫中求生的「設計產業一條龍」
4. 創造和時間做朋友的「被動收入」

釐清真正的目標與過程中所使用的工具，看清楚內心真正想達成的願景，不論是自我定位或是策略的選擇，都會隨之清晰。

Chapter

9

進行一場圈地實驗：有沒有一家公司可以讓人做自己，又賺錢？

如果要說到簡訊設計／圖文不符最特別的地方，我想，應該就是大家在公司，可以真的很做自己吧！

舉例來說，有位夥伴是個夜貓，下午效率最好，總是下午一點出現在公司，晚上七、八點肚子餓的時候，收拾包包離開，回到家中再繼續把進度補完。或是，一位鏟屎官夥伴的貓咪開刀，臨時需要有人看顧，一早在 Slack 上跟團隊說了一聲，那天就直接 Work from home，也自行利用晚上和假日，完成手上的任務。

自由是滋生創意的土壤

沒錯，早在 COVID-19 疫情開始的很久以前，簡訊設計／圖文不符 Work from home 的風氣就非常興盛，同事們有需要，只要事先告知，協調好會議，要在家裡或咖啡廳遠端工作，都沒問題！

無論你是喜歡街頭文化的朋友、次文化愛好者或是支持多元性向……，在各個議題領域，不管你的立場是什麼，都可以安心地在簡訊設計／圖文不符裡好好的做自己。當面對同一議題抱持著不同觀點時，不論你的想法多麼激進，在這個團隊裡，大家總是很願意去傾聽每個人的想法，嘗試去了解背後的原因與脈絡，這就是我們團隊最可愛的地方。

在一般公司管理制度背後的設計邏輯裡，時常認為效率與自由無法兼顧，偏向以「限縮自由與彈性」來增加效率。我和成祥兩個人，剛好都沒有在其他公司上過班，人資同事傳奕也是第一份工作就在這裡，加上團隊平均年齡不到二十七歲，這樣的體質，使得我們在制度的設計上，相當「原創」。

太自由，會不會常常找不到人？登錄工時，如果遇到效率太差的員工，該怎麼辦？隨著組織的成長，我們一路當然也遇過因為太自由，而衍生的各種問題。但我們從來不會想犧牲自由，而是朝解決問題的方向前進，透過建立規則，在維持彈性的前提下，努力解決它。

這個過程就像是一場「圈地實驗」，我們想看看到底能不能有一家公司，可以又自由，又有效率，既能創出好的成績，又能為夥伴們帶來好的報酬。當然，這套歷經各種撞牆所創造出的「原生制度」，背後其實也有很多血淚故事。

「欸欸，成祥，你為什麼會想創業啊？」我問。

「嗯……因為我知道自己的個性，不適合當員工啊！」成祥表示。

我是在畢業之後，才廢廢地開始思考自己未來要做什麼，但成祥早在大二就開始自我探索，並且早早就發現自己的個性不太適合當員工，因而積極尋找未來養活自己的方式。

大學的成祥曾試著投稿報紙專欄，嘗試用文字賺錢，但發現投資報酬率實在太低而放棄；後來開始自學 Flash 程式，也學 AE，試著做動畫，畢業前又與朋友共創了 Re-Lab，投入資訊設計的領域，然後開始思考創業的問題。

創造一個自己也喜歡的工作環境

我們兩個創立公司之後，對於什麼「企業文化」、「辦公室氛圍」完全沒有概念，唯一的想法就是：創造一個自己也喜歡的工作環境給大家。

我與成祥兩人的性格截然不同，少數的共通點之一，就是相當熱愛自由：不愛管人，也不喜歡被管。於是，公司也就自然而然形成了高度自由、強調自主的企業文化。

但什麼是「我自己也喜愛的工作環境」呢？

第一，就是休假。每個月的最後一個禮拜五，是簡訊設計／圖文不符獨有的「簡訊假」，全公司會熄燈，讓大家好好放假回家休息。這個福利來自於創立公司的第三年，大家已經連續拚了好長一段時間，有一天，我整個人突然覺得好累喔，疲乏到不知道自己在為什麼而忙。觀察身邊的人，我發現大家都一樣疲憊，成祥甚至忙到連新婚都沒去度蜜月，於是我想：「如果能有一個連續三天的假期，可以讓我稍微躲起來一下，那該有多好？」

週末兩天的假期，給人一種「才回過神來就要面對現實了」的感覺，但如果是三天的假期，應該就比較能讓大家回血，重拾熱情。不管是休假去玩，或是好好裝潢房子，忙一些重要、卻被一直放著的生活計畫，都是很棒的事。我把這個想法提出來和成祥討論，成祥也覺得很不錯，但算了一下成本，發現這個制度一年下來，會花掉公司上百萬元。

「你確定嗎？好好思考一下喔。」成祥說。

「這個假放下去，如果可以讓夥伴們每個月回一次血、保持熱情，我覺得這個錢就值得。」我說。

如今，「簡訊假」已經邁入第三年，儼然成為公司企業文化的象徵。每到月底，夥伴們意識到又要放簡訊假了，就會互相開始提醒：「簡訊假又到囉，一個月又過去了，手上的專案步調要加快才能好好放假喔！」

不知不覺，簡訊假成為大家感知時間的節奏指標，也象徵了簡訊設計／圖文不符所在意的「生活平衡感」——不只是夥伴的工作表現，還想兼顧每個人的身心狀態，以及工作與生活間的平衡。

薪資是對專業工作者的肯定與認同

除了假期之外，我們心目中「自己也喜愛的工作環境」，當然還包括了錢。簡訊設計／圖文不符從一開始成立，就決定以高於設計圈業界的薪水招募人才。當時主要是覺得「誰知道簡訊設計或圖文不符是什麼啦！」既然想吸引人才，我們就願意用較好的薪水邀請大家加入。再者，如果做一件好的事，卻賺不到錢，大家還會想做嗎？如果我們希望一件事情可以長久地被經營下去，讓它有足夠的利潤支撐，是很重要的事。而這也是我們為什麼這麼努力找商業模式的原因。不管想做什麼都一樣，套句成祥說的：「首先一定要先找到好的商業模式，讓團隊可以好好地活下來。」

我們想好好地尊重每個夥伴，就必須付出較高的成本，這是無可逃避的現實。

要達到我們心目中「自己也喜愛的工作環境」的第三件事，也是相當重要的一點，就是企業文化必須「多元與包容」。

我們在經營圖文不符品牌時，有三大原則：多元、真實、發聲。想做出觀點符合這三點的作品，首先人的思維邏輯，就要具備這樣的特質。於是，多元、真實與發聲也就成為圖文不符團隊做事與溝通的主要方針。

在內部溝通上，多元性與包容性到底有多高呢？舉個例子說明。從二〇一六年開始，圖文不符團隊就開始投入了「台灣常識集」這個系列的製作。最開始只是單純想透過資訊設計的方式，呈現屬於台灣獨有的數據與故事；到了二〇一九年，在品牌轉型的調度下，我們更加深入地去延伸這個系列，成為我們臉書自媒體上的固定連載節目，藉由採集台灣文化與生活的美好，讓社群上的大家能與土地有更深刻

想吸引人才，我們願意用較好的薪水邀請大家加入。再者，如果做一件好的事，卻賺不到錢，大家還會想做嗎？如果我們希望一件事情可以長久地被經營下去，讓它有足夠的利潤支撐，是很重要的事。

的連結。

其中食物主題，某次做到宜蘭特有的美食「米粉羹」時，企劃寫到：「漢人來台墾荒，促進了宜蘭的發展，也把米粉羹這個食物帶進了宜蘭。」這時，一位對於歷史觀點具備敏銳度的插畫家夥伴卻嚴正地指出：「其實漢人很多時候都是透過欺騙或壓迫原住民，才使他們離開了原本的居所，那是他們的家鄉，並不是荒地喔！」並不認同「墾荒」這個資料觀點。

不是我要說，做美食題目還可以兼顧到「轉型正義」，真是太厲害了！收到這樣的回饋，負責企劃的同事雖然當下有點小挫折，但很快就振作了起來，藉由多角度的查閱資料，嘗試在企劃上做出調整，讓論述更加多元。

這除了是簡訊設計／圖文不符尊重每個議題，以及每位夥伴的方式，也是因為我們團隊裡的每個人，都重視「多元、真實、發聲」的觀點，並且勇於為資訊傳遞負起責任。

進公司先學會如何吵架

「太自由，到底會不會導致沒效率？」我必須說，這是當然的，隨著組織擴大，我和成祥也不斷遇到各種挑戰。首先，把「有想法」的人聚在一起，會議上就很容易吵架。例如，常會出現下面的情況：

「客戶怎麼說就一定要照改的話，那我們的專業在哪裡？」協調人A表示。

「客戶有他的困擾跟需求，我們就是要虛心聆聽啊！」客戶經理B回答。

為了避免會議因太多火爆場面而延宕，也擔心吵久了真的會傷感情，轟天雷成祥再次發威，擬定了公司內部專用的「吵架守則」。新人報到的第一天，就會先教大家如何吵架。轟天雷成祥歸納出了發生衝突的三大原因，不外乎：(1)資訊誤解(2)態度問題(3)價值觀不同。

我們希望夥伴遇到衝突時，可以先釐清衝突發生的原因屬於哪一種，並盡量集中討論溝通「價值觀不同」的部分。此外，也貼心為夥伴們整理「面對衝突」時的「通用價值觀」：

1 **理解程度**：以對方能理解為目標。

2 **基於事實**：溝通要以事實為基礎。

3 **減少衝突**：以價值觀衝突為主，減少其他衝突。

4 **做足準備**：開會或溝通前要先做好準備，需要訂出適當的會議長度。

上述的「吵架守則」，我個人認為相當實用，適用於各種團隊與關係當中。此外，當我們檢核工時，發現有缺乏效率的狀況時，也會去關心最近效率不彰的夥伴，到底發生了什麼問題？

「最近，我在工作時，有太多人臨時來找我討論其他工作，因為案子緊迫，不好意思延後回應，但中斷後要繼續回到撰寫企劃的狀態，又要花上不少時間，所以我也覺得很煩惱呢！」記得一位擔任企劃的夥伴曾很困擾地說。

在從事專業企劃或設計工作時，能讓人維持高度專注、不被打擾的環境是很重要的，但因為組織相當扁平，夥伴關係緊密，也像是朋友一樣，所以很容易在對方忙錄的狀況下，前來討論，反而造成彼此打擾的狀況。

由於不只一位夥伴這樣反映過，於是我們了解問題之後，為了提升大家專注工作的品質，同事 chuan 擬定了「避免打擾同事工作的協作默契」小約定：

1 **不急的討論，先以通訊軟體處理**：約討論、交接工作或確認進度，如果判斷，四小時內不做任何事也不會影響進度時，優先以 slack（工作用通訊軟體）處理。為避免對方或自己忘記，留言的同時用手機或便條紙記錄，避免遺忘。

2 **長時間討論**：五分鐘以上的討論，務必先約會議時間，盡量不要當下開始，約會議時間以用通訊軟體為主，約時間的用意，在於先問問對方有沒有空。

3 **不急的小討論**：五分鐘以下的討論，看看對方當下是否可以被打擾，來決定要速聊，還是晚點聊。

4 **戴耳機或耳罩的小暗示**：視為對方正處於專注工作的狀態，盡量避免打擾。

花大量時間做溝通與觀察，遇到問題不貼標籤，用理解的方式找到合作上的破口，大至組織架構、商業模式與KPI，小至夥伴間的吵架，以及互相打擾的問題，我們都是嚴正以待，找出對應的解方。

這些守則，雖然每一條都短短的，卻都是在考慮每個人的自由與工作彈性下，精心設計的效率維持方式。

給環境對的養分，花朵就會綻放

從兩個人到一群人，一路走來，不得不說，想擁有自由、尊重與多元的工作風格，又同時希望公司能夠成長，還是必須靠制度、紀律與流程才能做到。

我常說，我們是一家把人當「人」看的公司，在我們的圈地實驗下，發自內心真正尊重每個個體，而不是當做創造效益的工具，當夥伴們感受到充分的尊重與信任，久而久之，不只養成夥伴自律、自我要求的好習慣，也得以發揮每個人獨一無

發自內心真正尊重每個個體，而不是當做創造效益的工具，當夥伴們感受到充分的尊重與信任，久而久之，不只養成夥伴自律、自我要求的好習慣，也得以發揮每個人獨一無二的天分與才華。

二的天分與才華。

當年，在組織改組的過程裡，為了成為一家「能持續獲利」的企業，在努力找到適合的商業模式、好好地活下去的同時，我們也一直小心翼翼地保護原本自由、彈性的企業文化，以及堅持投入「社會回饋」與「社會參與」的初衷。

會這樣做，除了以人為核心的企業文化以外，也可以套句成祥說的：「對於創意內容產業來說，創作者的自由跟彈性，絕對是值得投資的。」因為夥伴們好的狀態與對工作的熱情，會加倍回饋到作品的表現上，而且最終都會回歸到企業本身，創造雙贏。

遇到衝突時，可以先釐清衝突發生的原因屬於哪一種，並盡量集中討論溝通「價值觀不同」的部分。此外，「面對衝突」時也可以下面的「通用價值觀」來化解：

1. 理解程度：以對方能理解為目標
2. 基於事實：溝通要以事實為基礎
3. 減少衝突：以價值觀衝突為主，減少其他衝突
4. 做足準備：開會或溝通前要先做好準備，需要訂出適當的會議長度

Chapter

10

其實只是主流太大聲：「次文化」原來超「賣座」？

簡訊設計／圖文不符的作品，一直以來，很幸運地，深受大眾的歡迎與喜愛。我個人覺得團隊最狂的地方在於，總是能把看起來「很冷」的題目，做到莫名其妙熱起來，有時真的是連我自己也看不透（笑）。

像是某天成祥突然心血來潮，想做環保議題，資料查一查，意外發現原來世界上只有八種熊，於是就策劃了談動物保育的「熊熊不一樣」這個資訊圖表。沒想到因為熊熊太可愛，網友瘋狂敲碗周邊，團隊因而第一次嘗試推出實體周邊商品，不但秒殺，追加一波之後，很快又賣到缺貨！

當時，我們其實才剛剛經營臉書粉絲頁，還沒什麼粉絲追蹤。所以遇到這種事情，真的也是嚇一大跳。

廣告行銷必須回應這一代人的真實需求

具有把冷議題做熱的大眾溝通能力，作品看似很主流的我們，其實很多人是二次元本命。

簡訊設計／圖文不符內部許多夥伴，都對ACG〔編注：即日本動畫（Anime）、漫畫（Comics）與電子遊戲（Games）的英文首字母縮寫字。〕、同人這類「次文化」有著深深的熱愛，其中不乏所謂的「宅宅」與「腐女」，包括像我自己也是日本異世界動漫作品《Re：從零開始的異世界生活》裡的雷姆教成員！

雖然「次文化」，是指相對於主流文化的小眾文化。但據我觀察，身邊的二次元同溫層根本超厚。所以說，有沒有可能，其實「次文化」一點都不「次」，也不「小眾」，只是長期被「主流」的溝通方式壓抑，所以難以浮上檯面呢？動漫、同人和二創，其實根本就超多人喜歡的啊！

廣告行銷的目的，在於與大眾溝通，但行銷產業發展至今，對所謂「大眾」的喜好，卻似乎已經有了既定的成見。特別是在公共事務的溝通上、行銷語彙的選擇，彷彿畫上了一條無形的線，線條這邊是可以出現在檯面上的「主流」，那邊是小孩子和邊緣人才喜歡的「小眾」，難登大雅之堂。

既然會有所謂「次文化」的形成，代表當中必定有一些元素，是回應到這一代人真實的心理需求。在行銷上，如果也能以此為參考，擷取元素加以應用，回應受眾的期待，或許就沒有所謂「次」文化的分野，腐女梗、臭宅味也能引領潮流。

簡訊設計／圖文不符的很多作品，都是把「同人」、「輕小說」與「ＡＣＧ」的元素，應用在主流市場的溝通上，見證了「次文化」其實很主流，每個人心中的角落，都有個微小宅的自己。

讓我們來看一下，簡訊設計／圖文不符夥伴們是如何用「宅」元素，連結大眾

原本只是談動物保育的「熊熊不一樣」作品，因為太過可愛，受到網友熱烈敲碗周邊。

情感需求，掀起台日創作者瘋狂二創的「台北捷運之亂」，以及把輕小說風的ACG二次元冒險遊戲搬進總統大選，做出讓自己和受眾都眼睛閃閃發亮的作品。

二〇一九年年初，臉書上開始出現神祕的奇怪現象。五個詢問度超高的臉書帳號橫空出世，居然是板南線、文湖線、中和新蘆線、淡水信義線，還有松山新店線？台北五大捷運線，各有各的性格口吻，還會彼此互開玩笑，讓許多網友風靡不已，紛紛按下好友邀請，期待自己不只是「捷客」，還能成為真正的「北捷之友」。

懂得連結人與人、人與在地的情感，就能引起共鳴

紅極一時的「北捷之亂」，其實是來自我們社群行銷部所規劃的行銷活動，因為太受歡迎，台北捷運公司還因此收到禮物，指名要送給捷運線們，一時間捷運線彷彿成為虛擬偶像，在各個社群平台和新聞媒體上受到關注。

事情會鬧那麼大，說意外也不意外，但總覺得有些超乎想像。當時，台北捷運即將迎來第一百億搭乘人次，找上我們策劃一個網站，讓大家猜猜第一百億人次會在哪一個捷運站出現，希望藉由這個活動，對大眾溝通，以宣傳台北捷運這個重要的里程碑。

不過，捷運畢竟是交通工具，雖然台北捷運公司的服務非常好，但要乘客突然參加這個猜謎活動，總覺得還是有點牽強。接到這個案子的企劃，我就找柯柯一起

既然會有所謂「次文化」的形成，代表當中必定有一些元素，是回應到這一代人真實的心理需求。在行銷上，如果能以此為參考，擷取元素加以應用，回應受眾的期待，或許就沒有所謂「次」文化的分野，腐女梗、臭宅味也能引領潮流。

討論，看看究竟有什麼樣的行銷方式，可以讓大眾願意主動參與。

「活動沒有爆點，線上猜謎就只是一種送禮物、消化預算的例行公事……，這怎麼行啊！不是我們做事的風格啊！」考量到大眾實在沒有加入猜謎的實質動機，行銷預算也有限，思來想去，最後柯柯提出這樣的策略：「那就讓捷運線變成大家的朋友，為自己拉票吧！」

利用競選的概念，結合捷運線獨特的「在地性」，相信乘客們每日搭乘，一定都會對某些捷運線和站點有感情，於是我們決定就這麼試試看！很幸運地，客戶相當支持這個提案。沒多久捷運線帳號設好了，因為人力有限，企劃們包含柯柯在內都下海親力執行，一人顧一個，在忙碌的例行工作中，抽出時間來經營這個活動。

身為一個資訊設計團隊，我們注意到每條路線，都有它們獨特的歷史與特色，於是同事們開始熱烈思考，如果捷運是一個人，他會有著什麼樣的故事、什麼樣的生活、用什麼樣的方式對大家說話呢？

「板南線應該是個上班族吧，因為經過主要幹道，總覺得車上大部分的人都是為了上班，你看又是板橋、西門，又經過東區、一路到信義區……」

「嗯，而且線上有很多地方都是約會會去的，應該是下班後的大眾情人吧，而且板南線全線地下化，就有個神祕感……那就叫地下情人好了。」

「文湖線有高架又有車廂，還經過南港、內湖，有種高級的感覺。」「就是個尊爵不凡的商務人士啊！但因為車廂比較舊，感覺有點老老的！」

「欸，文湖線上面還有動物園跟貓纜啦，這到底是什麼屬性？很愛動物、會帶人看夜景……的白領商務精英？」

真的把捷運當成一個「人」來思考後，辦公室的腦力激盪，激起大家對於捷運線種種有趣的印象與回憶，七嘴八舌地討論，非常開心。於是我們想，這樣的討論，如果能和大眾分享，應該會非常有趣吧！

捷運線的工作，說得單純點，就是風雨無阻地送大家到目的地，平平安安地帶大家回家。所以每次的搭乘，其實都是一段溫暖的陪伴。在找到捷運「做為台北市運輸命脈所扮演的角色與所背負的任務」之後，企劃們正式以捷運的身分，開啟在社群上「call 朋友幫自己拉票」的偉大計畫。

說起來，過去在我們與 Hahow 合作的《標標標標標準字》課程行銷期間，當時我們也曾經將拆解的字體，製作成三隻吉祥物，命名為筆畫君，藉由設置臉書個人帳號，來與群眾互動。因為這堂課的 TA 是設計師，所以只要有一個人願意加這三個吉祥物為好友，經由在 po 文下的對話往來，他的好友就有可能會看到筆畫君，等於間接在 TA 的社群同溫層裡取得曝光的機會，甚至有可能變成臉書的共同好友推薦！這樣的方式，在臉書社群上擴散效果自然相當不錯。

有了這次的經驗之後，在捷運百億人次這個專案上，我們也想試試看，只透過群眾的主動擴散，話題熱度究竟可以堆到多高？

為了讓互動更真實，公司的五位企劃以「工人智慧」和群眾進行對話；對話的內容考量了各捷運本身的通車年份、運輸特色、識別色彩、路線、乘客性質、沿途行經區域特色，以及「混當地」的在地居民屬性，利用活潑的轉譯，建立了五大線鮮明的特色，像是：

- ▼**中和新蘆線**：途經三重新莊蘆洲，因為沿線宮廟眾多，設定了重情重義、剽悍率直的印象。
- ▼**板南線**：全面地下化，是通勤上班的主要路線，因而設定成下班喜歡小酌的東區潮流白領，號稱「你的地下情人」。
- ▼**淡水信義線**：途經台北眾多知名景點，因風光明媚適合約會，自稱「官方認證紅線」，強調只要搭乘就能提升戀愛運。
- ▼**松山新店線**：沿線經過眾多學區和機場，因而加入了國際化、知性的元素，因能搭到台大參加CWT，多了一絲宅味。
- ▼**文湖線**：以尊爵不凡的高架獨立車廂聞名，因為是第一條捷運線，所以相對年長，有喜歡動物園的萌點。

細心的設定與規劃，讓這些捷運線說出來的話，很快在社群上瘋傳，甚至變成人物金句，例如：

「走啊，晚上去西門？還是去東區？太晚的話我可以順路送你回家啊！大家都是朋友嘛！」藍線「板南線」，因為簡稱「BL」，無意間回應到了動漫迷最喜歡的BL文化（boy's love）而意外受歡迎，輕佻的口吻彷彿下班後常跑夜店的行動荷爾蒙。

「那些自己不長眼搭錯線的人，我也是笑笑的啦！真正挺我的人、陪我的人，我一輩子不會忘。懂？」最講道義的「中和新蘆線」，雖然超「派」又愛嗆乘客，卻會分享貓咪認養文，大幅度的反差萌，讓他成為最受網友歡迎的角色。

「進站的嗶，是我戀愛的心跳聲。跟我牽紅線，好嗎？」充滿戀愛氣息的「淡水信義線」，平常總以官方認證紅線的身分，不分青紅皂白的向群眾花式告白，此外，紅線的簡稱為R，經過的第十八個站就簡寫為R18，也讓在地居民大興奮。

種種充滿魅力的對談風格，讓捷運線們在社群上顯得栩栩如生，成為許多網友爭相攻略的人氣角色，一時間整個活動彷彿社群版的大型戀愛遊戲。為了完成拉票任務，我們更進一步使他們擁有自己的故事線與靈魂，像是他們彼此會為了票數人氣爭風吃醋，但也會友情相約出遊、介紹站點觀光資訊，種種行為，就好像大家的朋友一樣。

像是，文湖線一留言哭哭：「為什麼我最不受歡迎！」超直白的中和新蘆和淡水信義立刻補刀，做出基於現實的搞笑回應：「因為你又短又小ㄏ。」帶出文湖線的車廂最小、最短的資訊。

文湖線與淡水信義線間隔一年面世，卻是同一天通車，於是其他捷運線特地設計了共同慶生驚喜，邀請所有社群上的網友一同加入整個派對。

打造讓每個人都願意一起「玩」的氛圍

個性鮮明、顛覆大家對於行銷印象的五大線擬人式行銷，藉由引發網友自發性蓋樓、截圖、轉傳、二創、製作迷因，創下了超大規模的UGC（User Generated Content，使用者創作內容）風潮，而且不分男女老少的病毒式席捲臉書用戶，在二〇一九年成為最具指標性的社群行銷專案。

現在大家在網路上看到的所有五大線人物漫畫或角色設定，都是由台灣或日本繪師基於喜愛自主創作；活動期間甚至還有配音員搭配人物漫畫，自行錄製了廣播劇，也有粉絲們穿著應援色搭乘捷運拍照上傳。

因為經費有限，自始至終，我們沒有為五大捷運線畫任何一張人設圖。每當看到五大線粉絲們的創作，我們心中總是覺得很溫暖，也很為自己的工作、為身為捷運乘客而驕傲。

五大線之所以可以引起共鳴，其實是我們做到了「連結人與人、人與在地之間的情感」，而溫暖又鮮明的社群人設和語錄，則是讓這件事變得更有渲染力、能充分表達情感的載體。當網友們能通過這些角色，回想起自己與捷運共同經過的點點滴滴、辛酸苦辣的生活回憶，線上的友誼就憑藉著線下的經驗被串起。

記得某次的進度會議中，柯柯跟我們分享，有許多網友真的把擬人化的台北捷運當成好朋友，有些人早午晚問候，上傳搭乘的照片過來；有些人訴說感謝；有些人一發貼文就立刻來找捷運線「喇賽」；有些人在深夜裡傾訴自己的病痛與煩惱……，種種回應，真的讓人很感動。無論大家相不相信捷運「有靈魂」，至少在這段時間的交流裡，彼此的互動是「很有靈魂的」。

「不要走嘛！」網友留言。

「我們以後還是會在月台相見！」溫柔的紅線這麼說。

最終，捷運百億人次網站，在上線一週內，吸引了三萬人到活動網站參與投票。當活動即將結束，北捷人設要跟眾人說再見時，引起許多網友真心的不捨，紛紛上線留言告別。繪師網友們開起了粉專，透過創作捷運人設的同人漫畫，讓五大捷運線以不同的形式，持續活在大眾的心中。

（作品QRCode：）

跳脫框架的創意，才可能創造現象級行銷

二〇一九年年底，某天蔡英文總統的競選團隊找上我們，希望做一個「不一樣的競選活動」。會議桌上，我想既然要不一樣，那就來做一件任誰都想像不到、有趣到網路上會主動分享討論的事好了。

「要不要來做個戀愛遊戲，來『攻略總統候選人』呢？」

當時小英總統在社群上的支持群眾，有很大一部分是年輕人，其中不乏從小在AVG（Adventure Game，文字冒險遊戲）作品中長大的動漫迷。而戀愛遊戲做為一個歷史悠久的文化，在這個群體中，一向很受歡迎。聊著聊著，大家都覺得很好玩，就決定把這個概念留下來。

因為執政需要解決很多問題，中間一度也有想過要製作動作遊戲，藉由讓大家扮演執政團隊的一員，與小英總統共同解謎冒險；或是讓玩家扮演蔡英文總統，體驗國家治理的挑戰與難題。不過，在幾輪縝密的討論下，綜觀製作時間與適切度等因素，最後我們決定留下「冒險」、「解謎」與「角色探索」三大要素，以AVG的方式來做呈現。

這個企劃，最後成為大家在社群上所看到，有著輕小說般的超長名稱，以及滿滿的日系幻想風格的「什麼！台灣高中三年二班的我竟然掉入了異世界，而且還遇見了總統?!」這個作品（簡稱總統府大冒險）。遊戲的主要企劃與腳本，仍然是交由過去主筆多個遊戲企劃、隱藏宅指數超高的柯柯擔當。

因為製作期相當緊湊，加上競選活動在議題操作上有許多牽一髮動全身的狀況

捷運擬人可以引起共鳴，其實是做到了「連結人與人、人與在地之間的情感」；具備溫暖又鮮明的語錄和人設，則是讓這件事成為更有渲染力與感性的工具。當網友們通過這些角色，回想起自己與捷運共同經過的點點滴滴，辛酸苦辣的生活回憶，線上的友誼就能憑藉著線下的經驗被串起。

會發生，最終我們選擇以「冒險者」做為主角來闡述故事，讓小英總統和大家在新聞媒體上常見的執政角色，以遊戲破關必然要接觸的NPC（Non-Player Character，非玩家角色或非操控角色）或隱藏彩蛋的方式，來跟螢幕背後的玩家們進行互動。

藉此傳遞政治並非高高在上的概念，以及執政團隊在國家治理上的信念，透過親切日常的對話，讓玩家能夠在遊玩的過程中自然的理解。

遊戲中，冒險者會扮演一個睡過頭、沒趕上校外教學的高三學生，因為擔心被當，想盡辦法要進到總統府跟同學會合，卻意外掉進「裏總統府」這個異次元空間，必須完成冒險，才能回到現實世界，拯救他的學分。

遊戲主要場景為總統府與官邸。大多數時間玩家會穿梭於總統府中，經歷各式各樣的挑戰與關卡，透過劇情的推進，了解蔡政府過去在防範非洲豬瘟、支持同婚、調漲基本薪資等政策上，用了多少努力、創造多少績效以及背後的理念。至於總統官邸內和小英總統的互動，則能一窺私底下的小英日常，聽聽他在螢光幕前比較少透露的心裡話。

玩家遊戲中的每個選擇，都會改變部分支線劇情，甚至影響到結局。透過這樣的設計，一個遊戲能夠一玩再玩，讓玩家刷出各種精美CG以及彩蛋，滿足AVG文化中很重要的CG蒐集樂趣，引發共鳴。多線的腳本故事裡，不只有大

簡訊設計／圖文不符以前所未有的創意，創造政治議題現象級行銷的「總統府大冒險」遊戲作品。

家熟悉的人物會出現，甚至總統的愛貓——蔡想想跟蔡阿才，也會以特殊的形式，陪玩家一起冒險。

在行銷上，我們也加入了一些自己很喜歡的巧思，例如，在遊戲上線六天前，率先釋出了一支直逼日本手遊大作ＰＶ等級的遊戲預告來進行預熱，成功被網友稱為是最強新番；片尾則藏了許願代碼，做為給忠實英粉的小禮物，發現的人若在遊戲最後的劇情時輸入，就能開啟隱藏版結局。

當然，也有一些惡趣味的設計，是我們送給玩家的小玩笑，比方說，玩家如果在官邸摸了一個圓形的水晶球，行政院長蘇貞昌就會出現，表示那是他的頭，你也會因此被院長帶出官邸，導致闖關失敗，破不了關。

「被陳小米跟蘇貞昌氣到，只好來找攻略！」

之所以能夠用「次文化」元素，引發網友的共感，做出被稱為「現象級」的行銷，最主要的原因，是因為我們真的有把東西做到自己也超級喜歡的程度。而強烈的喜歡，就有機會創造出真實的連結。

「我很驕傲我的國家有這種創意跟多元性！」

「我以為是輕鬆小品，結果玩遊戲玩到哭……」

看著噗浪和推特上的po文，有感動，也有驕傲，還有感覺到製作群滿滿的惡意（笑），是我們覺得做遊戲最有趣的地方。

遊戲裡有個引發話題的少女角色，上線前，很多人認為是蔡英文總統，但在柯的設定裡，其實這個角色是蔡想想。在小英總統的支持者中，有一個小小的次文化現象，就是大家覺得蔡英文總統很像《艦娘》裡的霧島艦，因此產生了許多二創作品。

《艦娘》是一款日本把戰艦女子化的手遊，跟同類型的手遊作品《刀劍亂舞》將日本刀男子化的概念很像，都是AVG世界裡擬人文化的一種展現。雖然我們也很喜歡可愛版的小英總統，但是在性別平權的價值上，我們並不希望透過改變女性的樣態來做效果，特別這是一個官方立場的遊戲。將真實人物超譯，或是萌化，雖然很有趣，但也可能引發負面聲浪，帶來公關問題。

但是很恰巧地，在競選團隊所提供的素材中，有一張小英總統學生時的照片。我們想，如果在魔法的世界裡，貓咪能夠變成人的形象，說不定牠們會受到自己看過的照片所影響？於是在劇情中，我們安排了蔡想想、蔡阿才成為半虛構的創作角色，陪伴玩家冒險，並培養夥伴情感；其中蔡想想的形象，就以學生時代的蔡英文總統做為藍本進行設計，往後也收到了很正面的回饋。

這個遊戲的目標受眾為特定小眾，上線之後，主要是在動漫圈、遊戲圈跟政治圈引起討論，短短一週，引起十一萬人次點閱遊玩。其中絕大多數玩家，都是像我們一樣很喜歡二次元的網友。很多人透過這個專案，告訴我們，覺得自己從小到大喜歡的東西，終於受到重視，有種被認同的感動。

而重視議題的我們，不只要做好遊戲，也同樣想把重要的資訊帶給群眾。在遊戲的其中一個關卡，我們設計了一個繪本，藉由講述台灣同性婚姻發展的歷程，讓大家了解同志朋友如何一步步從躲藏、受迫，到走上街頭；台灣社會如何從害怕誤解，到擁抱與接納；這中間是透過多少人不斷努力奔走、永不放棄，才能達到今日的里程碑，還有多少人因等不到平權的到來而折翼。

一句「沒有人生來就該孤獨」，讓很多網友抱怨我們做遊戲還放洋蔥，眼淚止不住；我們也在某條支線中，透過角色的對白，表達對香港民主自由的支持。嚴肅難懂的政策理念，最終用真誠的心，化為遊戲裡許許多多的動人情節。

「志祺，這樣的遊戲，真的只有你們公司才做得出來。」有一天，台灣一家知名遊戲的共同創辦人這麼跟我說。

當下我內心真的覺得滿爽的！

無論是「捷運之亂」，還是AVG遊戲「總統府大冒險」，我們之所以能夠用

「次文化」元素，引發網友的共感，做出被稱為「現象級」的行銷，最主要的原因，是因為我們真的有把東西做到自己也超級喜歡的程度。這份強烈的喜歡，創造出真實的連結。

很多人做行銷，一開始就在想：「我要做一個專案，然後要讓三十萬個人看到。」但我覺得思維或許可以換個方式，想著我今天要做出一個自己真的超級無敵喜歡的東西，然後再透過資訊科技，找到三十萬個跟我一樣的人，一起來喜歡它！柯柯與夥伴們，努力把作品做到了我們也會喜歡的樣子，當然花了很多時間和心力，可是只要我們自己也足夠喜歡，它就有相當大的機會成為一次成功的行銷。當你願意相信自己的喜歡，那份熱誠，一定會感染到他人，即使是「次文化」也有機會超賣座。

與政治人物合作，絕大多數都是「一期一會」的機會，錯過不再，也沒有失球的空間。幾次小型合作的經驗，我們讓客戶知道我們是值得託付的團隊，能夠穩妥接球，好好做事，因此遇到大型任務的時候，他們也願意交託給我們。

成功的創新，來自長期信任的累積

「總統府大冒險」遊戲剛問世的時候，很多人問我，是怎麼說服競選團隊，接受這麼「跳 tone」的提案？說實在的，還是長期信任所累積的結果。

早在二〇一六年，我們團隊只有十多人，根本還沒有什麼人知道我們是誰的時候，就跟競選團隊合作過政策懶人包。二〇一九年，當時蔡英文總統處於民調低谷，我才剛開始做YouTuber，訂閱數十萬人左右的時候，期間也曾合作過「總統開箱」等影片企劃。

與政治人物合作，絕大多數都是「一期一會」的機會，錯過不再，也沒有失球的空間。幾次小型合作的經驗，我們讓客戶知道我們是值得託付的團隊，能夠穩妥接球，好好做事，因此遇到大型任務的時候，他們也願意交託給我們。

所以，我會說，一個創新的行銷企劃是否能成功，客戶的開放與信任是關鍵；而任何創新與嘗試的機會，則來自長期信任的累積！

做行銷應該是我今天要做出一個自己真的超級無敵喜歡的東西，然後再透過資訊科技，找到三十萬個跟我一樣的人，一起來喜歡它！努力把作品做到了我們也會喜歡的樣子，它就有相當大的機會成為一次成功的行銷。當你願意相信自己的喜歡，那份熱誠，一定會感染到他人，即使是「次文化」也有機會超賣座。

Chapter

11

共好才能更好：開課撒 know-how，到底會不會帶來危機？

二〇一六年開始，我們在 Hahow 上架了第一門課程「讓圖不只是好看的——資訊設計思考力」，獲得了「二〇一六上半年度台灣群眾集資專案人氣排行榜」的第一名，得到一萬一千多人次的贊助。

觀察到課程在市場上有不錯的成績，我們接著出品了「設計師接案學——業界求生必備守則」、「社群力：三十堂課突破你的內容行銷盲點！」等課程，至今有了十多門膾炙人口的課程作品。這之中，有人問我說：「志祺，這樣把重要 Know-how 都分享出去，你們不會擔心嗎？」也有人問：「跑去做課程和改造社會有什麼關係？你們是不是偏離本業了？」

知識不會因為分享而消失，而會愈分享愈進化

其實，對我來說，做課程是一種有利於社會進步的分享，怎麼說呢？假設今天你身上有一籃蘋果，當你給出了一顆，籃子裡的蘋果就變少了。但知識卻不是這樣，知識是種很特別的東西。今天我將知識分享給你，你擁有了一份，可是我的知識並不會因此消失，所以我們兩個人加起來，就會有兩份知識。

正因為知識是少數會「愈分享愈多」、「愈分享愈進化」的事物，「線上課程」

做為一個能用來分享知識與技能的載體，就是我們改變社會的一種工具。只要多一個人看過我們的線上課程，這個世界就多一個人懂得資訊設計、懂得社群行銷、懂得接案……，在變化如此快速的時代，藉由把 Know-how 撒出去，增加大家的生存技能，朝向「共好」邁進，反而更有助於整體產業發展。當整體環境變好了，我們自己也會因此受惠、過得更好。簡單說，就是能透過「利他」來「利己」。

不過，雖然分享知識技能並不會造成危機，但是「製作課程」這件事倒是會。團隊剛投入「線上課程製作」時，我們曾在執行層面上面臨大危機。當時對於資訊設計、製作懶人包已經駕輕就熟的我，不小心把課程設計想得太簡單，覺得只要做成「系列懶人包」就好了。

因為錯判了從策略落到執行的複雜程度，又忽略了自己不是「一個人」在做

在變化如此快速的時代，藉由把 Know-how 撒出去，增加大家的生存技能，「共好」反而有助於讓產業更加穩固。環境變好了，我們自己也才有機會過得更好。簡單說，就是能透過「利他」來「利己」。

事，而是團隊有「一群人」要共同執行，因為沒意識到組織運作的需求，導致我只顧到了對外的「共好」，對內卻造成大麻煩，打亂了團隊的整體運作。

做完第一個課程，我跟團隊也因此扎實而慘痛地上了一堂管理課。既然這是一個關於線上課程的故事，就從「學校」開始說起吧。

在高中校園，對高二、高三學生來說，選填科系，是一門大事。於是我常常在演講場次裡，碰到這些問題。

「志祺，我想學社群行銷，請問要從哪個工具開始學習？」

「我認為你應該要找到自己最想分享的一件事，再去選擇適合的工具，把它推出去。」我回答，因為以我自己的經驗，「喜歡」才是自學最好的動力。

「志祺，我在填志願，但無法決定要留在台南念成大好，還是填台北的學校？」

「成大是一所很棒的學校，但台北在學校外部資源多，如果你是比較內向的人，念成大光是在校園裡，就可以認識很多厲害的人。但如果你很外向，是會跑出校園找機會的人，可以考慮去念台北的大學，提供給你參考囉！」面對這些關於升學的煩惱，我通常會仔細提醒同學，選學校除了校風和地域性，也要考量自己的特質。

要達成目標，你必須讓夥伴知道為何而戰

從二〇一六年開始，我漸漸收到很多演講和授課的邀約，只要是跑校園的，不管多遠，我都會盡量抽時間去，而且不管再怎麼忙，也一定會空出一小時，回答完現場的問題再離開。看到很多雙閃亮亮的眼睛，帶著答案興奮地離去，我總會心滿意足地前往高鐵站。

不過當事情愈來愈多、工作愈來愈忙，分身乏術之下，我開始得拒絕一些邀約。當下心裡真的覺得很抱歉，不過，我也開始回想同學們常會問的共通問題，思考著有沒有什麼替代方案，或解決的可能性，讓我可以更有效地幫助大家？當時線上課程還不像現在這麼盛行，才創立一年的 Hahow 找上我，討論要不要在線上開課。

「咦，可以解決我沒有時間出席每一場講座或演講邀約的問題，還可以弭平城鄉之間的資源落差，又能賺到收入……，線上課程說不定是門好生意？」

有了這樣的想法之後，我開始盤點過去在演講或上課時，最常被指定的題目，以及最常被問到的問題。最後決定從大家最感興趣、同時也是我們的老本行「資訊設計」開始切入。

「夥伴們，我們來做線上課程吧！」我開心地跟大家分享這個訊息。當時公司的決策流程與資源分配還沒有結構化，基本上，只要我想做什麼事，公司就會直接推動，所以其實我沒有認真跟所有夥伴溝通做這件事的策略、目標與意義。當時只有簡單和成祥討論，如果弭平資訊落差是我們的願景，那把製作懶人包的技術分享出去，讓更多人可以投入，會是一件好事，也符合我們的價值與原則，在成祥的認同下，第一門課就這樣開始了。

Hahow 課程的上架流程，會先從募資開始，我和成祥試著把心目中的「資訊設計流程」轉化成課程大綱，想像著一位資訊設計新手，需要具備什麼樣的技能，洋洋灑灑列了五十四堂課綱，每堂課大約十分鐘上下，抓緊時間製作了精美的師資與課程說明後，課程就正式上線開始募資。

當年「資訊設計」概念才剛剛出來，加上圖文不符的作品本身很具說服力，大家都很有興趣，募資金額竄升速度相當快，一下就達標，進入課程製作期。不過當時我們其實對於「該怎樣製作課程」等流程相當沒概念，只能一邊摸索，一邊執行。最開始我還能和成祥分頭執行企劃課程，到後來我有很多其他任務纏身，變成只能接受企劃同事的採訪，再由他們協助撰寫腳本。

開始落到執行層面後，我們發現，做一堂課，真的沒有想像中那麼容易。

首先，「會」一件事，跟要去「教」那件事，落差其實很大，甚至事前規劃的某些章節，會因為我們所掌握的脈絡與技巧不夠完整，根本不具備成為教學的條件。所幸我們是做資訊設計的，可以透過重新找資料、學習，來補齊脈絡，再透過資訊設計的能力，將這些內容轉化成教材。不過往往做了初版，還需要經過好幾次修訂，才能做到大家覺得滿意的程度。

原先很樂觀地以為一週可以做好幾堂課，執行後才發現完全不可能。想當初，不知道執行有多困難的時候，因為募資很快達標，我還很開心地大加碼，想說多做幾堂課回饋學員。結果，因為募資有時限要趕，連續半年，負責製作課程的夥伴過得非常痛苦，背負著巨大的壓力執行工作，每次在討論課程的時候，我都能感覺到大家的低落，我真的把大家弄得超慘。

開戰場、錯判情勢，還沒辦法全程跟大家一起打仗，在夥伴不知道為何而戰、又傷得不明不白的時候，我很快地發現一件事：我被討厭了。每次走進辦公室，都明確地感覺到自己不受歡迎。當時的我，還不太擅長面對自己的不足，也不太能看清楚問題究竟出在哪裡，對於大家滿滿的怨懟，我只覺得既抱歉又無能為力，只能選擇一個很中二的做法，就是躲起來。

嗯，你沒聽錯，那陣子，我只要一進辦公室，絕對不會接近自己的座位，一定是躲到密閉的會議室裡，就這麼維持了好長一段時間。現在回想起來，真是一段又卡又孤獨的時光。當時我常會想，自己明明在做「社會溝通」的工作，卻連內部溝通都做不好，內心很挫折。直到有一天，成祥來敲會議室的門。

做任何決策，心中都要有夥伴

「志祺，我知道你在躲。但你是老闆，你不可以躲起來不跟大家溝通。」成祥很認真地看著我說。「我知道你有情緒，但誰不會做錯事，不是做老闆就不能做錯事，你得出來跟大家溝通。」

當時，辦公室討厭我的氛圍愈演愈烈，因為我一直躲，後來甚至有一些不是我做的事情，也被誤會，怪到我身上，就連我們最早期的夥伴插畫師林子也跑來找我，跟我說：「志祺，你要出來正面跟大家溝通，不然我們什麼事都不知道！」

收到夥伴的提醒，最終我鼓起勇氣走出辦公室，和大家好好溝通。雖然引發了軒然大波，在大家的協力下，最終我們的第一門線上課程「讓圖不只是好看的——資訊設計思考力」，還是順利完成，並上線了。

「非常推薦第一次接觸資訊設計領域的同學前來學習！」

「感謝你們的用心備課及小知識時間。」

「有助於設計老手翻轉思考力！」

課程不只獲得了四．六顆星的好評，除了第一波的募資預購帶來現金流，也持續帶來長尾收益，每天都會有幾十組課程購買，這樣的被動收入，改變了我們的商業營運模式。

因為課程大受好評，後續接受媒體採訪時，曾經被問到：「第一組線上課程就創造一萬多人購買的紀錄，背後的成功關鍵是什麼？」。我思考了一下，最後這麼回答：「即使有賺到錢，但我還是覺得這個專案徹底失敗了，因為在過程中，帶給團隊很大的傷害。」

而且，線上課程做完了，我自己的功課卻還沒完。

我開始檢討自己在溝通上出了哪些問題？才發現自己當時有著「只顧著下目標，卻很少說明原由」的壞毛病，或是自以為有溝通過了，殊不知夥伴根本沒有接到球。於是，後來在組織的改造上，成祥把決策流程和資源的盤點與配置，都考量進去，藉由在管理上做好「防呆」，避免重蹈覆轍。

我自己也在這個慘痛的經驗中，了解到除了對外與客戶、合作夥伴的溝通，對內的溝通更是重要，馬虎不得。在這之後，每當有新專案啟動，我絕對會花時間做詳盡的溝通，把大家對於新專案的定位、期待、想像進行書面化，好讓未來在執行的路上碰壁或迷惘的時候，拿出來重新對焦；也更重視新專案在溝通上的細緻度，專案一開啟，心裡就要把所有夥伴的角色放到計畫裡來思考，設想每個人可能會面臨的困境，具體了解執行面的複雜度。

不要忽略執行的複雜度

在我們的第一門線上課程專案中，我學到最多的，就是不管面對什麼挑戰，都要抱持著：「目光放未來，執行在當下，煩惱留過去」的態度。

而什麼是「執行在當下」呢？某次和朋友聊到關於「執行」，我畫了下頁的圖

（一）來說明我的想法。策略遠看是一個點，用想的很容易，近看之後，才知道真正的勝負場在執行。

過去，如果遇到成果不好的狀況，我可能會歸咎到企劃與執行團隊沒有心，或是把重點放到其他地方上。但真正的問題，其實是我自己忽略了團隊不斷擴大後，執行的複雜程度也會直線上升的事實。從人員分配、時間、角色到工作流程、管理……，執行的障礙無所不在，即使每個人都有心，也都知道目標是什麼、該怎麼做的狀況下，還是有可能產出不如預期的成果。

對於做策略而非執行的人來說，一旦忽略了「執行的複雜度」，將問題單純歸咎到「夥伴沒有心，或是搞錯重點」，乍看好像自己很有高度，但是這

圖（一）

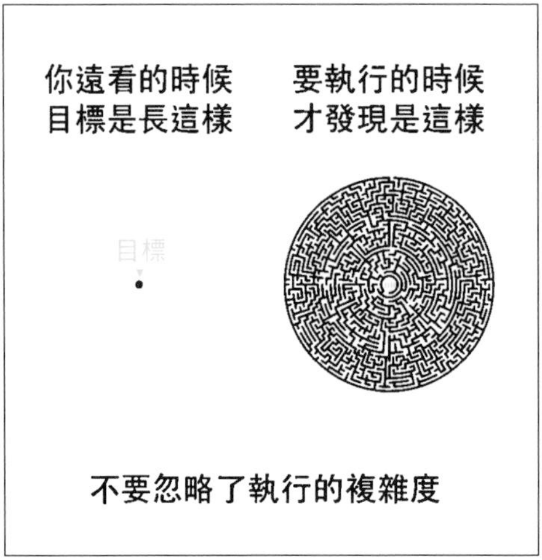
你遠看的時候
目標是長這樣
要執行的時候
才發現是這樣
目標
不要忽略了執行的複雜度

種直覺而快速的「回饋感」卻像是危險的陷阱，會讓我們更難推動團隊往目標前進。

而關於「目光放未來」的部分，我想分享這幾年來，我們對於「線上課程」這個產品，在思路上的轉變。我覺得做創業的人，常會有一種英雄式的想像，就像一開始，我其實也是把線上課程當做一個搶時機的機會財，但在和成祥共同合作，帶領團隊與組織的這段時間裡，他讓我學習到，所謂的機會財，是在風險可控的狀況下你才能去賺。

我漸漸學會在看一件事的時候，不再只將目光聚焦於事情本身，而是將時間的維度與團隊一起放進來，以長期與持續累積的視野，來進行判斷，藉由看到整體與「執行面」的細節，而能做出對團隊更好的決策。

目光放在未來之後，也讓我對於「共好」，有了不同的想法。把眼光放到長期

看一件事，不是把眼光一直聚焦於事情本身，而是把時間的維度拉進來、把團隊拉進來，以長期、持續累積的眼光來做判斷。這樣一來，可以更看到「執行面」的細節，而能做對團隊更好的決策。

來看，「線上課程」製作這個專案，除了過程中要注意對內溝通的共好、產品精神上與學員分享知識的共好，也希望能跟合作夥伴，做到一起改變產業的共好。

後來我們在開發線上課程產品時，開始嘗試與不同領域的專家合作，包括跟阿滴英文合作的「百萬 YouTuber 阿滴：攻心剪輯術」、跟設計大師馮宇合作的「LOGO 必修課：發展品牌識別的第一步」，還逢人就跟大家分享「線上課程」真的是一門好生意。

我相信當愈來愈多頂尖的師資人才，投入到這個產業中，線上課程的受眾就會愈來愈多，市場就會愈來愈廣，當線上學習變成一種很普及的消費習慣，大家就自然而然很可能會去買我們的課程。我也有自信，我們的課程真的做得很好！包括像面對二〇二〇年的全球疫情，在很多廣告和業配都暫停的時候，阿滴的線上課程銷售不減反增，也能因而有穩定的收入可以安心創作，來面對更多的不確定性。

最後，關於「煩惱留過去」，應該不必多說了吧？在這件事之後，我面對挫折時，再也不躲那麼久了，畢竟如果我能愈早站起來，回到戰場上，團隊和夥伴所受到的傷害，就可能愈少！

做事要：「目光放未來，執行在當下，煩惱留過去」。策略遠看是一個點，用想的很容易，近看之後，才知道真正的勝負場在執行。「執行」是真正會讓個人或團隊成長的關鍵。從人、時間、角色到工作流程……，執行的障礙無所不在。看一件事不是把眼光一直聚焦於事情本身，而是把時間的維度拉進來、把團隊拉進來，以長期、持續累積的眼光來做判斷。

Chapter

12

大眾娛樂時代：當一個不搞笑、談時事的 YouTuber，有沒有機會？

「Hiho！大家好，我是志祺。歡迎回到志祺七七。每天給你觀點更多元的時事分析。」這兩年來，很多朋友是透過「志祺七七」這個YouTube頻道，認識我與圖文不符。

沒錯！從二〇一八年開始，我們把「討論時事」的社會參與，搬上了YouTube。每天都可以看到我用一則時事來問候大家。號稱每週七天、每天七點、每次七分鐘，「志祺七七」是一個由我們YouTube部門所經營的一個日更時事型YouTube頻道，特色是每日更新、降低議題門檻，用年輕人也聽得懂的論述，來分析時事議題的頻道。

不須準備好才起飛，不用本來很會才去做

在大眾娛樂時代，一個談時事不搞笑的YouTube頻道，真的會有人看嗎？說實在的，頻道剛建立的時候，在外部很不被看好，在內部也面臨各種挑戰。日更與追時事這場硬戰，考驗團隊夥伴彼此拋接球的默契；面對鏡頭，從不太拋頭露面的肥宅，到慢慢學習成為公眾人物的歷程，也是一連串的跌跌撞撞。

沒有經驗，團隊藉著日更的高頻率，直接磨練、快速學習；沒有天分，我自己

靠著練習、做功課、減肥與自學，慢慢達到自己也覺得比較OK的樣子。

頻道花了一年才達到十幾萬訂閱，但第二年還沒過完，訂閱數就破六十萬了。做為專挑兩岸問題、國際大事、時事分析等硬議題，還被笑是「讀稿機」的YouTuber，能有這樣的成績，真的是跌破眾人眼鏡。其實祕訣在於，我們不等準備好才起飛，而是靠快試快修；不是本來就很會才去做，而是仰賴團隊合作與自學來達陣。

到底成為YouTuber對我個人來說，除了瘦了二十四公斤，還有什麼收穫？多了一個YouTube頻道，對於簡訊設計／圖文不符而言，又有什麼策略意義？說起這個，時間就得回到我跟阿滴相遇的那一天……。

二〇一六年的秋天，在一個群眾集資的年會上，我認識了阿滴。由於我跟阿滴都是受邀的講者，會前會後都有不少聊天時間，所以就這樣熟了起來。

那時候的簡訊設計／圖文不符，團隊不過十多個人，也還不是很有名，當時的阿滴英文，也離兩百多萬訂閱還很遠，訂閱數不過十七萬多。除了一樣愛打電動、愛玩卡牌，最讓我們一拍即合的原因，是彼此當下的生命狀態。當時阿滴正想要建立團隊，剛好我是創業路上的人；而做為 YouTuber 的阿滴，也建議我應該趕快投入 YouTuber 行列，給了我很多寶貴的建議，我們兩個湊在一起，除了打電動、說幹話，其實也有滿多時間，是在談正經事，擔任彼此的顧問。

勇敢加入主戰場，連結出更多機會與資源

「成祥，我們應該來做一個 YouTube 頻道！」我回公司提出申請。

「嗯……這件事你已經跟我提第三次了，代表你很在意，是真心想做……」成祥表示。

其實，做 YouTube 頻道這件事，對整個團隊來說，不是目的，而是個策略。圖文不符一直都在默默地生產優質懶人包，呈現各種議題，每年也有遊戲或解釋型動畫等大型專案，來討論我們認為很重要的題目。但當時的圖文不符，在發展上碰到了三個瓶頸，分別是：「無法快速回應時事」、「成效無法累積」、「觸及不到年

齡層更低的族群」。

YouTube 的真人錄影，讓我們可以快速回應時事；平台演算法不同之下，YouTube 的長尾相當驚人，可以補足臉書平台無法進行累積的問題；而在臉書的受眾年齡層逐漸上升、年輕人轉向 I G 與 YouTube 的情況下，要接觸年輕人，把戰場延伸至 YouTube，也是必然之勢。弄清楚策略目標後，除了開始一邊找錢，我們也開始摸索頻道的形式與模樣。因為覺得自己一胖、二宅、三不喜露臉，剛開始我還真的沒有要自己跳下去做的意思。我們有考慮用動畫的方式來做一個頻道，但成本實在太高，速度也一樣無法解決公司遇到「快速回應時事」的問題。

「志祺我跟你說，『以人為載體』永遠是最好的方式，」阿滴強調，就算把動

做為專挑兩岸問題、國際大事、時事分析等硬議題，還被笑是「讀稿機」的 YouTuber，這樣的成績，真的是跌破眾人眼鏡。其實祕訣就是，不是準備好才起飛，而是靠快試快修；不是本來就很會才去做，而是仰賴團隊與自學，也可以達陣。

畫做得再厲害，觀眾能討論的永遠是圖文不符好棒、這個動畫好精緻」，頂多再被議題感動一下。但如果張志祺今天成為了 YouTuber，大家可以討論的話題，就可以含括「張志祺愛穿什麼顏色」、「我今天在哪裡遇到他」、「他的公司長什麼樣子」、「他最近跟哪個 YouTuber 有合作」……，範圍能無限擴大延伸，還能與人的狀態共同演化。

更重要的是，如果開 YouTube 頻道是一個策略，那唯有把自己真的變成一位 YouTuber，才能真正走進這個圈子、搞懂圈內文化，並與其他 YouTuber 有所連結，得到新的機會與資源，進而發揮更大的影響力。

如果要下海當 YouTuber，領域應該要結合我們的專長，談社會議題與時事。阿滴推薦了談時事的美國 YouTuber：迪佛朗哥（Philip DeFranco）的頻道給我參考，當時他的訂閱數已經破了三百萬。

「嗯，好吧，如果要做 YouTuber 的話，我要做日更，」我一邊思考，一邊說道。

「……你瘋了嗎？」阿滴表示傻眼，傻眼的不只阿滴，還有成祥與夥伴們。雖然，日更也是一個策略，不過這又是另外一個故事，有機會再說。

資訊混亂的時代，誠信是最好的賣點

好不容易找到錢的時候，兩年過去，轉眼阿滴都已經破百萬訂閱了。雖然資金與夥伴終於到位，但都等了兩年，我們也不急著開工。在試錄之前，所有夥伴聚在一起，一起協作了一份文件，叫做「我心目中的志祺七七……」。從頻道該怎麼幫圖文不符加分、要為觀眾創造一個什麼樣的交流平台、影片剪完該長什麼樣子，到每位夥伴在頻道經營上最想做的事，我們都有充分的討論。

這份共十四頁的文件，成為我們的根基，每當遇到挫折，或是迷惑的時候，我們都會回到裡面，去找初衷裡的答案。其中，關於「要為觀眾創造一個什麼樣的交流平台」，當年我自己在文件裡面，寫下了這樣的話：

「期許『志祺七七』成為能夠快速跟上時事，清晰地把複雜事情說好的頻道。更是個『讓大家在這個資訊混亂的時代，能夠相信且讓人期待的頻道』。」

在回答這題時，我想到了很小的時候看的一個節目，名稱大概是「地球真奇妙」之類的。內容大概是每週會介紹一個國家特殊的文化語言，當時的我總是很期待看到他的下一集，但現在有點久沒有感受過這樣的情緒了。

圖文不符的粉絲，在遇到重大事件時，常會問說：「圖文不符會不會出手？」我覺得這是一個好的方向。透過這個節目，讓人知道：「圖文不符會出手」，就能帶出更多的價值。」

然而，理想很豐滿，現實果然很骨感。

在錄了第一支影片之後，連我自己都覺得畫面不耐看，當下馬上開始減肥。多等一天就是多燒一天的錢，為了上相，我兩個月火箭式減下二十四公斤。影片開始上線日更，主色調跟隨圖文不符的黃色與黑色，還有可愛的黃臭泥坐鎮。不過上線沒多久，果然開始大逆風，各種不被看好的聲音不斷來襲。

「社會議題那麼硬的題材哪有人要看？」

「太嚴肅了吧！要追時事為什麼不看新聞就好？」

「看網路影片都嘛是要放鬆、好笑的，這沒市場啦！」

好在也不是第一天被罵爆，這次我倒是很平常心。當 YouTber 本來就不是我擅長的事，一開始沒有太被看好或是被關注，反而給了我低調進步的成長空間。

稱職的「讀稿機」是許多專業的累積

YouTube 頻道成立之後，簡訊設計／圖文不符已經是一個四十多人的團隊，分工與決策機制，都已經經過設計與調整，團隊也漸漸從日更的試煉中，找到適合的節奏。

一支緊急的議題影片，在事前預備資料加上團隊的日夜趕工下，從企劃到剪輯完成上傳，最快可以在二十四小時之間完成，足以應付突如其來的重大時事。每支影片長度約七到十二分鐘，到後面比較熟練的時候，一個小時大約可以錄製三到四集。整個製作流程為：例會選題、撰寫大綱、逐字稿，總編審稿、完稿、定稿，錄製、剪輯，到最後將影片上傳。

創業進入第四年，我學到最重要的事之一，就是要打從心裡完全信任團隊，才能讓事情順利地被推動。在 YouTube 頻道這個產品的創作中，我學會當一個稱職的「讀稿機」，全權交給專業的來。

創業進入第四年，我學到最重要的事之一，就是要打從心裡完全信任團隊，才能讓事情最順利地被推動，所以在 YouTube 頻道這個產品的創作中，我學會當一個稱職的「讀稿機」，全權交給專業的來。

頻道推出後，走一個穩健的路線，粉絲以每個月一萬左右的數字增長，而當我們抓主題的能力愈來愈精準迅速，更能敏銳感知社會脈動，提供大眾當下最需要的內容，滿足大家對資訊和溝通的需求，粉絲成長的速度，更提高到每個月三到四萬人。在香港「反送中」事件期間，甚至有一個月增加八萬訂閱的紀錄。

二〇一九年是為選舉預熱的一年，整個台灣的社會氛圍，都在為二〇二〇年的總統大選醞釀。三月的時候，總統蔡英文的民調還在谷底，當時選戰的幕僚開始籌備「小英日常」YouTube 頻道，希望與年輕人進行溝通，於是找上我們討論影片合作。

一口答應後，我先想好所有配套措施與風險評估，找了遊戲 YouTuber 魚乾，一起到總統府官邸，拍了一支出國訪問前的「總統的行李箱開箱」影片。隨後，我們的開箱愈開愈大，再次合作時，企劃了「總統專機開箱」，我和阿滴一起登上空軍一號。這兩支影片都為頻道帶來很好的觀看成績。六月開始，各政黨即將進行總統候選人黨內初選，整個社會也開始沸沸揚揚。

用和平理性的方式問尖銳的問題

關於總統候選人黨內初選，國民黨有朱立倫、郭台銘、周錫瑋與韓國瑜等多人角逐，民進黨則有蔡英文與賴清德兩位候選人呼聲不相上下。當時整個台灣最熱的社會議題，就是總統大選誰會出來選？那時我收到郭台銘的早餐邀約，剛好當時「復仇者聯盟：最終之戰」這部電影特別紅，我靈機一動，想說如果連平常很難約到的郭董，都找上門來與我們合作，不如我來做一個「總統無限寶石」，把所有可能的總統候選人都採訪過一輪，應該會非常有趣。

於是我展開了一連串的「總統無限寶石」的蒐集旅程，除了原本就合作過的蔡英文總統，最後真的採訪到了郭台銘、韓國瑜、張善政、周錫瑋、朱立倫等六位可能的總統候選人。

我們跟郭台銘聊：「未來處理兩岸關係時，真的不會把企業利益擺在國家利益之前？」請教了韓國瑜：「去香港拜訪中聯辦，到底談了哪些事？」跟宋楚瑜聊：「如何實質而有意義地超越藍綠？」也提問曾發表仇日言論的周錫瑋：「去年去了日本玩，確切立場為何？」訪問朱立倫時，我們談了：「怎麼看許多國民黨人士收取中共利益，擔任傳聲筒？」拜訪張善政時，則問了：「理科善政跟佛科妙天，如何深度合作？」

過去訪問蔡英文總統時，我們也曾針對台灣最痛的外交處境，討論：「台灣到底是不是在花錢買外交？那些斷交的國家，後來到底怎麼了？」不管問題尖銳與否，我們都做到把年輕人心中的疑問與好奇，以理性平和的方式，帶到每位候選人的面前。

總統大選結束後，在一次與蔡英文總統的餐敘中，她提到：「志祺，你有沒有發現，你們是所有電視跟網媒裡面，唯一一個採訪完所有總統候選人的媒體？」「咦，真的嗎？我們還真的沒注意到。」本來只覺得這是一個很有趣，又有代表性的企劃，但在那一刻，我才體會到「志祺七七」頻道社會責任的重量。

轉眼間，「志祺七七」已經是一個超過六十萬人訂閱的頻道了，隨著訂閱人數的上升，我也經歷了「學習如何當公眾人物」的過程。五萬訂閱的時候，在街上偶爾被認出來，到十萬訂閱的時候，被認出來的頻率提高好多，開始發現自己在路上不能穿得太邋遢。

起先還沒有心理準備成為一個「公眾人物」時，對於隨時都要維持好狀態的這件事，我非常不習慣，時常處於很緊繃的狀態。到三十萬訂閱的時候，在錄製節目時，我開始從大家的讀稿機，慢慢找到自己的鏡頭語言，也逐漸學會把一些真正的自己，擺到鏡頭前面。例如，跟大家分享我最喜歡的王蟲、雷姆與《鋼鍊》，讓大家認識宅宅的志祺，漸漸找到與網友互動的樂趣，以及自己比較自在的模樣。

有次在路上遇到看過我影片的網友跟我說：「曾經在低潮的時候，因為看到一支志祺在談『挫折』的影片，心裡卡住的地方突然通暢了！」也有網友告訴我，遇到「反送中」或是「平權公投」，這種不知道怎麼和長輩有共識的議題時，就會傳我的影片給長輩看，試著開啟討論。而在頻道裡各式各樣議題影片的留言區內，也常常看到有很多質感超好、言之有物的討論展開。

上面這些點點滴滴，都在我心中匯流成很大的力量。

原來在這個社會上，有這麼多人願意跟我們站在一起！嘗試努力弄懂一些困難卻重要的議題，也願意去聆聽不同立場的聲音，透過溝通與理解，讓我們的社會再更美好一點。

原來我們並不孤單，因為持續發聲，我們讓更多社會上聲音透過圖文不符／志祺七七匯聚，化成能量，帶來改變，我想這就是做社會參與最棒的地方。

不搞笑，談時事，也能在這個社會上，以自己的方式生存下去。

我常說，自己在當 YouTuber 這件事情上很沒有天分，這不是謙虛，當 YouTuber 這兩年來，我的確是慢慢透過自學與練習，一點一點找到適合自己的方向。接下來和大家分享我的五點自學步驟，除了成為 YouTuber，這套方法也適合運用在各種領域。

1 **找到標竿**：首先，我會從各大 YouTuber 中找到喜歡的標竿，並列出這位 YouTuber 的影片，讓我喜歡的因素，不論是燈光、穿著、表情，還是節奏，再問自己：「他做對了什麼，所以才這麼吸引我？」

2 **開始模仿**：透過模仿自己欣賞的 YouTuber 影片中的要素，漸漸找到適合自己的方法。

3 **快速嘗試**：透過快速的執行，得到回饋，然後快速修正，藉此得到快速的

每個人都有擅長或不擅長的事，但因為我們有想去的地方，所以有時候必須走進自己不擅長的戰場。如果我都可以從超不會上鏡頭，慢慢進步到今天的狀態，你也一定可以透過學習與練習，抵達你想去的地方。

進步。

4 **定期檢視與調整**：定期停下來，檢視初衷與策略方向，讓自己與團隊不至於走偏。

5 **找到成就感**：記得在過程中，要讓自己能找到樂趣或成就感，才可能持之以恆地做下去。

以上是我上手的方式。我再強調一次，因為在做 YouTuber 上，我是沒天分的人，靠很多方法才走到現在，所以有一些歷程，可以跟大家分享。如果是有天分的人，你可以好好做自己，那樣真的就夠了，真的。

每個人都有擅長或不擅長的事，因為我們有想去的地方，所以有時候必須走進自己不擅長的戰場。我想說的是，如果我都可以從超不會上鏡頭，慢慢進步到今天的狀態，你也一定可以透過學習與練習，抵達你想去的地方。

當 YouTuber 這件事情上可以慢慢透過自學與練習，一點一點找到適合自己的方向。這些自學步驟與歷程除了成為 YouTuber，也適合運用在各種領域：

1. 找到標竿
2. 開始模仿
3. 快速嘗試
4. 定期檢視與調整
5. 找到成就感

如果是有天分的人，可以好好做自己，那樣真的就夠了，真的。

Part 3

我看到的時代是一張等我畫上的地圖

〈改變的行動〉你和社會／世界的關係

我看到的時代
是一張等我
畫上的地圖

Chapter

13

既接棒又傳承：偉大航道上，資深船長們給我什麼智慧果實？

「我要當海賊王！」魯夫在紅髮傑克的船要離開之際，對著港口大喊。

「哦，你想超越我們嗎？那麼……，我就先把這頂帽子，寄放在你這裡！」紅髮傑克把頭上的草帽取下，戴在小小的魯夫頭上，話還沒說完，草帽底下的魯夫，已經滿臉都是鼻涕與眼淚。

「這是我最重要的帽子……，總有一天，我會來拿回去的，在你成為最出色的海賊時，」紅髮傑克說完，背影漸漸消失在大海的盡頭。

智慧果實得經過漫長的消化才能吸收

這是大家都很熟悉的漫畫《航海王》的第一集，紅髮傑克俯身為魯夫戴上草帽的那一幕，真的超爆感人，成為許多人心中的經典畫面。從那之後，魯夫就把紅髮傑克的背影存在心裡，開始了偉大航道上的歷險。

現實生活中，雖然沒有偉大航道上那種吃了會有超能力的惡魔果實，但是我自己真的在創業路上從「資深船長」那邊，得到過不少「智慧果實」。

總覺得自己真的很幸運，曾經遇過很多才華洋溢又很鬧的「資深船長」。小小、廢廢的我，從一開始覺得「大大們講話都好深奧呀」、「哇，他們想的跟我是兩個世界」，到後來因為努力接住大大們賜予的機會，慢慢能夠成為合作上的夥伴，甚至是一起工作到天亮的忘年之交。現在想來，一路上從船長那邊學到的眼界與格局，真的是讓我們少走了不少冤枉路，甚至影響了我看世界的方式！

智慧果實吃進去，說實在的不會馬上變超強，是要咀嚼、消化很久的那種，不同人吃下去，也會有不同的進化與改變。我是那種只要讓我拿下來，即使當下不是很懂，也會藉著時間好好吸收，最後化成屬於自己的行動。

我曾經吃過兩顆超補、讓我受惠多年的智慧果實，那是JL Design 創辦人羅申駿與旋轉牧馬創辦人華天灝兩位資深船長大大，給我這個在創業路上摸索、衝撞的小夥子。

智慧果實吃進去，說實在的不會馬上變超強，是要咀嚼、消化很久的那種，不同人吃下去，也會有不同的進化與改變。只要拿下來，即使當下不是很懂，也會藉著時間好好吸收，最後化成屬於自己的執行。

站在地殼交界處，關注時代的變動

「志祺，你知道如果今天要到很高的山上面，最快的方法是什麼嗎？」天灝曾笑著這麼問我。

二〇一五年我加入政問，認識了天灝，後來被天灝揪進了世大運的顧問團隊，那陣子有幾次大家會一起忙到天亮，再去吃早餐，中間總是有些閒聊打屁的機會。

「要很快地登上高山，難道是要坐直升機，還是要搭火箭上山嗎？」

「不是、不是，最快方法是在板塊變動的時候，你就站在交界處，你最後就會留在山上。志祺，你要去關注時代變動的時候。」天灝這樣解答。

等等！這個聊天打屁的內容，智慧密度也太高了吧！講到這裡，我要先來介紹一下天灝，他是紀錄片「不老騎士——歐兜邁環台日記」的導演，也是台灣指標性攝影器材租借品牌「旋轉牧馬」的創辦人。是創業者，也是創作者的天灝，很江湖，也很煞氣，既理性又感性。

首先，「在板塊變動時，站上交界處」這個概念，背後隱含的世界觀，是一個地殼不穩定、快速變動的環境，我們需要時時留意周遭的動靜，隨時都會有火山爆發、局勢重整，處於一個不斷開地圖的過程，新世界正在持續形成與發生。

想一想，關於跟著局勢快速飛升的概念，市面上也曾出現很多不同的比喻。Google 執行長施密特（Eric Schmidt），曾經對正在思考職涯的現任臉書營運長桑德伯格（Sheryl Kara Sandberg）說：「如果有人給你一個火箭上的座位，別問位子在哪裡，上火箭就對了！」小米的執行長雷軍也說過：「正在風口上，豬都會飛。」但在我看來，天灝的「板塊變動說」，更能具體描繪我們所面對的現況。

它有一種兩個東西正在碰撞的意象，接觸與碰撞是其中的關鍵。譬如說，為什麼 YouTube 現在會起來，最大的原因是因為新舊媒體正在碰撞，廣告資源正在移轉到新媒體上，導致這個領域從原本看起來一片紅海的狀態，被一直注入新水，變成了藍海。

再忙，每週都要騰出思考人生的時間

循著天灝的「板塊碰撞說」，我慢慢找到自己觀察產業碰撞與資源轉移的習慣與方式。例如，每週我都會在行事曆上，框出兩個小時，上面寫著「思考人生」。這段時間，我不會安排任何事情，就是待在攝影棚或辦公室，在網路上隨意瀏覽資訊、滑朋友們的動態等等，觀察社會動態。

此外，我也發現「年輕人正在關注什麼」，也是一個很重要的觀察指標。而剛好我本來就有定期安排校園演講的習慣，幫我創造了一個固定和年輕人接軌的機會。

每次在現場，我總會觀察，聊到什麼的時候，年輕人的眼睛會開始閃閃發亮？同時也會留意大家舉手提問的問題是什麼。這些都是線下接觸之所以很必要的原因，因為唯有如此，才能看到閃閃發光的事情。

觀察中，我們會不斷思考簡訊設計／圖文不符未來的機會與角色。例如，在二〇一八年，在找 YouTube 的企劃方向時，我們觀察到，媒體的角色正在轉移，新聞節目過去普遍被認為做得很爛，這時候如果我們做出一個還不錯的新聞節目，搞不好大家就有可能會來看。

開始去感受一些環境細微的變化，把時間軸拉得更長遠去想像未來，再透過事件的發生來修正預測，對社會脈動的感知力就有機會愈練愈敏銳。

仔細想來，也是因為團隊在這個階段，已經相當穩定，可以承擔大部分的重要任務，所以我的注意力可以被分散在這些很小、很細微的東西上。持續去感知社會上所發生的碰撞與轉移，就有機會找到自己的角色。就像天灝說的：「我們必須要看著這個時代！」

永遠要往下一個舞台移動

而另外一位在航道上給我重要指引的是Jonathan（羅申駿）。

Jonathan是JL Design 創辦人、之前更是在數字王國擔任大中華區執行副總裁，也是四屆的金曲獎視覺統籌，做到金曲30時，Jonathan 說他畢業了，要把這個舞台留給年輕人。在認識Jonathan之前，「接棒」這兩個字，對我來說，是一個距離非常遙遠的詞彙。以前從沒想過，自己在世代當中，是有什麼角色或責任的。但在我們公司只有十幾個人，還非常小，也完全沒有知名度的時候，Jonathan 就一直跟我強調「接棒」的概念。

Jonathan 一直在反覆告訴我們：「你們要有所準備，我們這些人把市場打開之後，就要到海外戰場了。你們永遠要往下一個舞台移動，把現在站的舞台留給下一個世代。」

各種大小專案與會議，Jonathan 都會盡量把我們這些年輕設計師拉進去一起參與。很多專案的規模，都是那時候的我們根本沾不上邊的，但 Jonathan 就是把我們拉在身邊，讓我們有機會知道，一件大事從頭到尾是怎麼發生的。

例如，一個大型典禮，你需要準備工程、它需要有多少的影片，每個環節應該是什麼樣的規格、應該怎麼去溝通。Jonathan 不斷傳承，不會讓所有事情只在 JL Design 內部執行，或是讓所有 know-how 只停留在 JL Design，使整個產業卡住。

Jonathan 總是強調，自己的其中一個任務就是要教給下一個時代，擔任傳承的橋梁，整個產業才會茁壯。Jonathan 做的不是教學，而是示範。他讓你參與這個過程，漸漸地，你就會知道，每個階段該做些什麼、該怎麼去問對問題。更重要的是，Jonathan 也讓我見識到了更高的思考方式與格局。當他每次在描繪一個設計為什麼要這樣做的時候，一定會有一個核心的問題，然後選擇用什麼手法來回應這個問題，而不是光是在視覺上想突破什麼。

像是二〇一九年的第五十六屆金馬獎，核心的問題就是「黑馬在哪裡？」而二

去感受一些環境細微的變化，把時間軸拉得更長遠去想像未來，再透過事件的發生來修正預測，對社會脈動的感知力，就有機會愈練愈敏銳。

〇二〇年金馬五十七，主軸是「TAKE ONE前往明天的路上」，運用電影人熟悉的拍攝術語「TAKE ONE」，強調每一個屬於我們的此刻，都可以是未來故事的開端。

我們何其有幸，在我們還很小、很廢的時候，就有一位前輩一直灌輸我們：「準備好，要接棒，不然這中間會空掉。」

可能我比較奴（笑），接收到那麼多的付出與善意，久了真的會感覺到自己身上，好像背負著什麼責任。因此，我們每一步的策略，除了為了當下的存活，都有多想一步，為了未來能承接更大的什麼，在做準備。

曾經有人問過我說：「志祺，為什麼你們團隊可以這麼有長輩緣？你在與前輩的合作上，難道沒有遇過什麼挫折嗎？」

「嗯，挫折的部分，當然有。」剛開始和前輩們合作，我也是覺得每個人都是大大，不太敢發表自己的意見，也是慢慢學習怎麼與前輩交流與溝通，讓前輩開始覺得：好像可以聽聽看你的想法。

相信自己是時代的領航者

其實祕訣就是，在前輩們徵詢你的意見時，馬上給他們一個好的答案。這就在於，不論是任務或趨勢上的結點或問題，平常就要有所思考，然後在前輩們問你的時候，就可以給他一個經過思考、言之有物的答案，這樣久而久之，就會漸漸被「資深船長們」認為是一個可以交流、討論的對象。

如此一來，在這之後，即使提出比較跳躍，或是天馬行空的想法，也會比較容易被接受。如果想法夠新，又能夠確實執行，信任在當中就會慢慢建立起來。不過，我也一度在與長輩交流的過程中，走過一段「自以為被壓迫」的時期，弄得自己裡外不是人。

很多人在和長輩們合作的時候，都會遇到一個狀況，那就是在談一些事的時候，會因為對方是長輩，不自覺產生一個心態，好像對方丟這個球給我，我就一定要接下來，不得不接受一些事情。但事實是，其實這些前輩們也沒有要我一定要接下什麼。只是我自己和前輩們相處時，就會以為自己好像必須得扮演某種角色。而硬接下來的東西，就變成了公司團隊很大的負擔，夥伴們受到壓迫，自然有所反彈，我因為對內接收到了來自團隊的壓力，逼得我不得不學會去跟長輩們做「對等的」溝通協商。

然而，如實交代，好好說明難處之後，我發現，其實我遇到的長輩們，根本沒有非要你如何不可。一切都可以攤開討論，一起找到一個對彼此來說都OK的解方。原來，從頭到尾，都是我「自以為」做為一個晚輩，非得怎麼樣不可，進而把難題轉嫁給夥伴。於是，後來我學到，做事一定要有自己的原則，外部合作對象才會尊敬你，內部夥伴也才有辦法對你感到信服。

能有這些學習和成長，都是在偉大航道上，有資深船長們一路往前開拓的時候，不忘向後傳承「智慧果實」。不管是天灝帶給我的，去留心時代「地殼變動」的眼光，還是Jonathan讓我了解，在世代當中，我們都是有角色的，要隨時做好可以「接棒」的準備。

裝備了這些，就像是從紅髮傑克那裡承接下草帽的魯夫，在面對廣大未知的大海，心裡是有底氣的。

每週在行事曆上，框出兩個小時，上面寫上「思考人生」：

1. 不安排任何事情，只是待在攝影棚或辦公室
2. 在網路上隨意瀏覽資訊
3. 滑朋友們的動態，觀察社會動態
4. 發現「年輕人正在關注什麼」，觀察中不斷思考未來的機會與角色

持續去感知社會上所發生的碰撞與轉移，就有機會找到自己的角色。就像天灝說的：「我們必須要看著這個時代！」

Chapter

14

只要多想一步就好：寶可夢卡牌與鋼鍊教我的事，宅宅愛好也能玩出人生智慧？

有在看「志祺七七」頻道的朋友，可能會知道，我是個「寶可夢卡牌」的玩家，同時也是個《鋼之鍊金術師》迷（日漫簡稱《鋼鍊》）。

敢自稱「寶可夢卡牌」玩家，我還真的是玩得挺認真的，曾經在二〇一九年的「寶可夢台灣百人大賽」打進前十六強，拿下第十四名，也曾在第二屆PTCG——寶可夢集換式卡牌遊戲「YouTuber老爹邀請盃」中，拿下亞軍。

真心喜愛一件事物，會帶給你意想不到的力量

我當時養成了一個固定的小習慣，就是每週一定會抽出兩小時，去卡牌店打寶可夢，那是我絕對堅持不拍片的時刻，單純享受做為一個「寶可夢訓練師」的樂趣與過程。

這個寶可夢卡牌其實是水頗深的卡牌遊戲。除了必須從六十張牌組的收集與組成，到賽前考慮比賽地域特性去調整牌組，比賽時也得面對抽牌的不確定性，以及對手牌組的特性，思考如何快速決策、臨場反應，而這些其實都和商業世界中的資源配置、策略規劃與執行，有異曲同工之妙。

而《鋼鍊》是一部我從中學時期就鍾愛到現在的作品，故事描述在一個「鍊金

術」的世界，物質之間可以透過鍊金術進行「等價交換」，一對兄弟身處其中的冒險旅程。我在人生的不同階段，會一再重溫《鋼鍊》，因為往往可以在當中讀到新的領悟，裡面的一些想法與理念，某方面也形塑了我現在的人生觀。

卡牌遊戲與漫畫，是我們這個世代成長歷程裡的重要元素。這些過去在大人眼裡，看似「無用」的宅宅愛好，在我自己也成為大人之後，反而愈玩愈能體會出屬於自己的人生智慧，也在煩雜忙碌的生活中，成為我與自己的重要連結。

都說真心喜愛一個事物，那個閃閃發亮的眼神是有力量的。那真愛在宅宅愛好裡，究竟可以玩出什麼有趣的人生智慧呢？

「居然一上場就遇到閃電鳥！這場對主流強勢牌組很硬，要小心！」

二〇一九年十二月二十九日，我人在台大體育館，參加第一屆「寶可夢集換式卡牌台灣地區聯盟賽」，第一場就遇到攻擊力超強的閃電鳥牌組，好險穩穩過關。

哦哦，是爆肌索羅狼！第二場面對的是變化超多的長青牌組爆肌索羅狼，用我自己調整的九尾索羅牌組打爆索羅狼之後，眼看整場競賽的時間有點延遲，我心中開始暗暗焦急，因為這天是我哥的婚禮，如果再延遲下去，我很有可能無法打完前五場。

果然，在第三場擊敗難纏的沙奈九尾、連三勝之後，我就被迫中離。在家人和寶可夢訓練大師之間，我選擇了家人，不但前五場不能完賽，也得跟本來超想要的參賽ＰＲ卡「基拉祈」說再見了。

官方寶可夢卡牌大賽的實況大致就是這樣，全場千人無一不全神貫注、以二十五分鐘一場輸贏回合制的節奏進行，現場玩家年齡橫跨十歲到五十多歲，每人手上自組六十張卡牌，蘊藏各種可能。

愛好也能變成強大的專業

關於寶可夢卡牌，大家可能會以為我的牌齡很長，雖然第一次接觸寶可夢卡牌是我國小三年級，但是真正認真打起來，是在二〇一九年十月，我已經成為YouTuber之後的事。當時會重新接觸寶可夢卡牌，想想跟我自己那陣子「失衡」

的狀態有關。

大約是二〇一九年的七月，那時成為 YouTuber 已有一年了，過了很長一段工作與生活完全分不開、留言全天一直跳，再晚也會有人私訊你的日子。自己還沒有找到適合的方式去調節，身心一直處於緊繃、覺得累的狀態。

後來在一次的動漫展活動中，我遇到了一位叫做瘋狂老爹的 YouTuber。瘋狂老爹是一位製作動漫與卡牌相關主題的 YouTuber，之前做過一支超好笑的影片，叫做「老爹講動畫：小智的二十年旅程懶人包」，內容主要是在介紹一到六季的寶可夢動畫，以及大罵編劇讓主角小智旅行與戰鬥了二十年，但到第六季寶可夢 XY，已經輸了五次聯盟賽的小智，居然在第六次的聯盟賽上，還是亞軍！憤憤不平的老爹為小智痛心疾首，狂罵編劇為了商業利益，扼殺了小智的夢想。

那·部·影·片·真·的·超·好·笑。

當一個人真心熱愛一件事物，你真的會被他所感染。即使老爹在整支影片中都沒有露臉，我還是可以感受到這個人深愛寶可夢的「宅魂」，讓我感到又好笑，又尊敬。由於我自己不是一個能夠這樣直率表達事情的人，甚至在很多時候，還不太敢讓很多人知道，我私底下其實超爆宅，因此，格外尊敬老爹這樣真性情的人。當時我們兩人完全不認識，但在旁邊友人的介紹下，就聊了起來。我告訴老爹說，看了他認真玩卡牌的影片，也想入坑寶可夢卡牌，可不可以帶我一起玩？我每週到卡牌店報到的入坑之路，就這麼展開了。

專注思考下一步，才是上策

會選擇寶可夢卡牌，當做平衡工作與生活中間的休閒娛樂，最主要的原因，在於完全不需要電腦螢幕。玩的當下，我不會被突然傳過來的訊息打擾，去思考設計或是影片的事，可以得到真正的放鬆。

此外，寶可夢是一款很簡單，邏輯卻很強的遊戲。回合制的特性，讓它的邏輯很相似於商務賽局。新手訓練師需要從實戰當中，了解自己的個性與適合運用什麼樣的牌組。有些人喜歡攻擊力強的主流牌組，但也有些人像我一樣，偏愛像「雙彈瓦斯」這樣策略性攻擊的牌組。

寶可夢卡牌分為：寶可夢卡、能量卡、道具卡與人物卡等，四種不同功能的卡牌。訓練師必須按照自己牌組的屬性與策略，事先想辦法從市場上（直接購買、買套牌去碰運氣抽牌，或跟別的玩家交換）取得需要的卡牌。這個遊戲的特性是：到了戰鬥場上，你要去預想別人的下一步。了解自己現在手上有什麼資源，要怎麼妥善地利用資源，或是預留一些資源，騙過別人，然後想辦法在關鍵回合，把對方打死。

這很像是商戰策略中講的：衡己力，量外情。玩家必須充分了解自己的牌組，同時也需要去了解對手的牌組。而不同的牌組，在不同區域，也會有習慣的打法與特性，所以每次在大賽前，我都會到當地先玩幾局，了解在地熱門的牌組與特性，再去調整自己手上的牌組來應戰。

關於「多想一步」，其實不論是商戰策略，還是打寶可夢卡牌，創業者或是玩家，都需要想好未來幾步，包括對手會怎麼打、時局會怎麼變，以此擬定策略。但其中最大的不同，在於寶可夢卡牌遊戲當中，你的夥伴是卡牌裡的人物與寶可夢，但在創業的路上，你的夥伴是活生生的人，在當下的人生階段，有自己的局要解。如何對焦所有夥伴的「下一步」，成為真實賽局中的關鍵。

因此，不論腦海中想了再多步，我在擬定策略時，永遠會更在意「下一步」。之所以「是下一步」，第一個關鍵是因為要讓夥伴們都接得到球，能夠執行推進；第二個原因是因為現今時局變化太快，把焦點放在可控的下一步，也是比較實際的做法。

寧可細膩而雋永，也不要短暫的絢爛

在「志祺七七」頻道中，我的宅屬性，是到了後來才一點一點逐漸釋出。有回做了一集「不顧總編反對！志祺強勢推坑死了也要帶走的十部漫畫」，想不到影片成效比「時間管理」主題高了五〇〇％，真不愧是我的頻道（淚）。

十部推薦漫畫裡的第一名，正是《鋼之鍊金術師》。《鋼之鍊金術師》的故事，發生在一個「鍊金術」十分發達的世界，主角是愛德華與阿爾馮斯兩兄弟，年幼的他們，因為太思念已故的母親，嘗試了禁忌之術「人體煉成」，希望召喚死去的母親。然而，「鍊金術」的最大原則，就是「等價交換」，也就是有獲得必定有所失去。「人體煉成」失敗後的愛德華失去了一手一腳，阿爾馮斯則是整個身體被帶走，靈魂依附在一副鋼之鎧甲上。兩兄弟為了找回失去的身體，踏上了冒險之路，一路上發現了國家許多不可告人的祕密，並且被捲入其中。

之所以要最在意「下一步」，第一個關鍵是因為要讓夥伴們都接得到球，能夠執行推進；第二個原因是因為現今時局變化太快，把焦點放在可控的下一步，也是比較實際的做法。

《鋼鍊》最大的特色，就是一開始主角的等級就已經一百了，因此，比起一些戰鬥力的提升，故事更著重在主角群心靈面上的成長，以及面對一些挫折與過去要如何放下和前進的過程。

此外，《鋼鍊》也是當時少數結構穩健，戰鬥場面也從來不會拖戲的作品。同期流行的漫畫，像是《死神》、《海賊王》等等，都因為作者沒有把故事寫完，過程中會一直超展開，戰鬥內心戲綿延不斷、打到天荒地老。

而《鋼鍊》作者荒川弘在做短篇的時候，就把故事和結構想的差不多了，所以該收就收，該對話的時候就好好對話，每一篇都會有其寓意，也沒有什麼灑狗血的大道理，故事穩健的發展，成為它之所以會如此雋永的主因。

穩健的風格，在一開始或許不會有暴衝式的搶眼，但時間一久，卻會展露雋永的美好，占有不可撼動的位置。這對我來說是很大的啟發，也讓我們在思考產品與策略時，會往穩健的風格靠攏，不求一時的煙火，好好妥妥地把事做好。

《鋼鍊》作者很擅長把深深的道理，放進簡單的台詞當中，當中有一些情節與句子，我至今倒背如流，甚至成為我人生觀的重要元素。像是故事剛開始，小小的愛德華與阿爾馮斯，被師父丟在荒島上鍛鍊，給他們一把小刀，要他們在大自然中活下來，並且領悟「一為全，全為一」的真諦。在荒島奮力存活數日後，兩兄弟最後的回答是：「全就是宇宙，一就是我。」

當時，還是國小屁孩的我看了這段對話，並沒有什麼特別的感受，但隨著時間過去，在與夥伴共同創業和社會參與的過程中，「一為全，全為一」這簡單的兩句話，卻意外成為我「從『我』到『我們』」這段旅程上重要的註腳。

一切的起點都是你自己

對我自己來說，不論是創業，還是社會參與，一開始的起點都是「自己」。「我」希望社會成為它該有的樣子、「我」覺得事情不該如此，所以決定與大家合作來做一些什麼，即使做的事情合乎公益，起點還是「自己」。

但隨著時間過去，跌倒過很多次，經歷了一些挫折，也有一些機會幫到一些人，每次卡住的時候，都會想再努力前進一點點，但說實話，並不是很清楚要去到哪裡。在執行「歡樂無法黨」的過程中，也曾經幾度被大眾罵到不知道自己為何而戰，但既然開了頭、做了嘗試，在路上發現了問題，那就只能一路不斷地累積和記錄，讓這次行動能成為未來各種公民、自由或民主相關行動時的參考與能量。

這樣一來，所有走過的路，就沒有所謂的「成功」或「失敗」，只要嘗試過、走過，能運用科技記錄下來，對於「我們」而言，一切就有意義。回過頭來，我發現，這正是一個思考層面從「我」延伸到「我們」的改變歷程。等等！這不就是《鋼鍊》裡說的「一為全，全唯一」嗎？原來，不管是對內部夥伴，還是擴大到整個社會，當你把自己視為「我們」，把「我們」視為「我」，你會發現很多事情變得很不一樣。

當我做了一些自認為能為社會帶來力量的行動，我並不求這些東西會帶來什麼回報，因為我相信的是：當我們大家一起提升的時候，有一天這一份「好」，一定會回到我身上，因為「我」就是「我們」。

這個概念跟過去談的「我為人人，人人為我」並不相同。今天，我做了一件事，不是說「為了社會大眾好」，而是我知道我今天做了這件事情，其實是對「我」自己也很好，因為「我」就是「我們」，我有我的目標，所以我做這件事情。

穩健的風格，在一開始或許不會有暴衝式的搶眼，但時間一久，卻會展露雋永的美好，占有不可撼動的位置。我們在思考產品與策略時，會往穩健的風格靠攏，不求一時的煙火，好好妥妥地把事做好。

就像婚姻平權，我和成祥兩個人都是異性戀，但婚姻平權通過之後，我們就是覺得比較開心。因為當你看到朋友，明明很相愛，卻不能在一起，要接受社會異樣的眼光，看著真的會難過。今天如果我們能透過一起倡議，讓事情有所改變，看到朋友能開心結婚，我會覺得這樣很好。重點並不是在於「我今天幫了你」，而是我今天在幫你的時候，其實就是在幫我自己，因為這樣我真的比較開心。

此外，我也在《鋼鍊》的一句台詞當中，找到了「社會參與」精神的最佳詮釋。

在《鋼鍊》最後一集，兩兄弟經過了漫長的旅程，發現人與人之間的情感交流無法量化，其實是違背了鍊金術「等價交換」——付出多少、才能換回多少的法則。「得到十分，再還回去十分，就沒有意義了。所以要加上自己的一分，把十一分傳遞給下一個人。雖然微不足道，不過這就是我們得出的否定『等價交換』的新法則，接下來我們要證明它是對的，」阿爾馮斯所說的，不就是知識交換與社會參與當中，所有人為了其他人，所多做的那一點點嗎？

每個人，為了另一個人多前進一步的「加一」，即使微小，但卻是讓這個社會不斷往前且更好的重要力量！

話說，那場為了要參加哥哥婚禮，未完成的「寶可夢卡牌大賽」，其實還有後續。在下午三點，婚禮結束後，我趕回賽場內，繼續參加傍晚的大賽。

「一四九〇號嗎？有參賽者留了一張『基拉祈』PR卡，說要給你，」一進到場內報到，工作人員拿出一張只有上午完賽，才能得到的「基拉祈」卡片給我。原來，是一位玩家剛好是「志祺七七」的觀眾，聽說我中離無法獲得「基拉祈」PR卡，而留下他的卡給我（大哭）。而且，接下來中場休息的過程中，也有觀眾跑來

不管是對內部夥伴，還是擴大到整個社會，當你把自己視為「我們」，把「我們」視為「我」，你會發現很多事情變得很不一樣。當我們大家一起提升的時候，有一天這一份「好」，一定會回到我身上，因為「我」就是「我們」。

很認真地握著我的手說：「很謝謝圖文不符一直以來推動社會議題的討論，我會一直支持你們的！」

寶可夢真是太溫暖了啊！是吧，是吧！

為自己創造多個成就感來源

不論是寶可夢卡牌，還是《鋼鍊》，在我現階段生活的平衡裡，都扮演重要的角色。我想跟大家說的是，無論多忙，維持嗜好，為自己創造多個成就感來源，真的很重要。無論是工作、感情、家人、夢想……，把重心與成就感來源，過於集中於一塊，是相當危險的事，在你所重視的領域一旦出現挫折，整個人很容易垮掉或失衡。為自己創造多個成就感來源，能幫助你，在各種挫折當中，依然能站立，心情上也能有所緩衝，讓自己可以繼續前進。

而且不要小看你的嗜好，在社會學上來看，嗜好所帶來的「弱連結」也有無限可能。像是我自己打寶可夢卡牌玩得很認真，也沒想過要靠這個賺錢，但是當「寶可夢台灣」在找有卡牌文化的行銷合作夥伴，卻因此想到了我們。而「志祺七七」頻道後來開設的「宅氣七七」系列，也帶來了一些意想不到的好玩合作。

只能說，光是「嗜好」能真實連接人與人，就是件重要而寶貴的事啊！

無論多忙，維持嗜好，為自己創造多個成就感來源，真的很重要。為自己創造多個成就感來源，能幫助你：

1. 在各種挫折當中，依然能站立，心情上也能有所緩衝，讓自己可以繼續前進
2. 不要小看你的嗜好，在社會學上來看，嗜好所帶來的「弱連結」也有無限可能。光是「嗜好」能真實連接人與人，就是件重要而寶貴的事啊

Chapter

15

公共事務溝通美學：碰上政治或公部門，美感還有存在的空間嗎？

洋洋灑灑的標楷體、彩虹般的絢麗色彩，再搭配上怕人看不到的巨大logo，與充滿距離感的廣告文案，一般人印象中的「公部門美學」，大概就是這樣吧？

種種衝突的元素混雜在一起，常常造成人類視覺上的衝擊，看完後仍久久不能忘懷，想對天大喊：「我到底看了什麼？」不論是政府單位的場館造景、政令溝通，還是競賽活動，因為「公部門美學」太過「別出心裁」，時常成為大家茶餘飯後揶揄的話題與消遣的對象。久而久之，只要是公家單位出手，大家常是抱著「不期不待，不受傷害」，或是「公部門，不意外」的心態在看待。

我們和不少公部門單位都有合作，不論是政策溝通，還是活動宣傳，公領域常需要向社會大眾傳遞複雜的概念，跟我們資訊設計的強項算是滿搭的。

進入對方的脈絡，才能找到翻轉的切點

我常覺得，「貼標籤」是件很簡單的事，但是標籤一貼，其實也就等於是放棄了溝通。在此，讓我們先暫時把所謂的「美感」擺在一旁，單純把公領域常見的視覺，看成一種很特殊的風格好了。

你有沒有想過，為什麼這種風格的設計會在「公部門」中獨領風騷呢？它是不

是在公部門中有什麼特別的優勢，導致更容易被選中呢？

其實公部門某方面像軍隊一樣，有一些外面看不懂的文化與複雜流程。在外部與公部門合作，希望催生好的設計，只有解構當中的脈絡，找到問題，然後一一擊破，才有機會翻轉這個現象，讓好的設計也能在公領域發生！

不知道大家記不記得，二〇一七年由台北市政府主辦的「臺北世大運」（又稱第二十九屆夏季世界大學運動會）呢？從一開始不被看好，到由黑轉紅，燃起全國人民的運動魂，中間社群行銷經過幾波轉折，是我目前參與過反轉國民期待值反差最大的專案之一。

故事要從二〇一六年世大運籌備期開始說起，一支「Go Go Bravo 台灣有你熊讚」世大運宣傳片釋出，因為製作品質與原創性受到質疑，而被全民罵爆。於是，北市府開始聯絡幾位罵得最兇的專家，包括旋轉牧馬創辦人華天灝、沛肯行銷的營運總監朱開宇與藝術總監姜漢威等十一人，組成「品牌諮詢小組」，一起來搶救世大運。

讓大眾也想參與活動的設計

因為我們團隊與前輩華天灝在「政問 Talk to Taiwan」這個線上新型態政論節目有合作過，天灝因為知道我們對於社群行銷有所涉獵，聊了一下，就把我拉進了「品牌諮詢小組」，一同籌備世大運，成為不掛名的外掛夥伴。我是在比較中期才加入，因此有很多的溝通主軸，都已經定下來了，不過我可以跟大家分享一下前期的過程。

公部門某方面像軍隊一樣，有一些外面看不懂的文化與複雜流程。在外部與公部門合作，希望催生好的設計，只有解構當中的脈絡，找到問題，然後一一擊破，才有機會翻轉這個現象，讓好的設計也能在公領域發生！

很多人一開始對世大運其實並沒有好感，只覺得好像是台灣好不容易爭取到的國際大型活動主辦權，因為很多國家的選手會來，所以我們就得支持它，但說真的找不太到跟自己的關聯性。

品牌諮詢小組開了一場十多個小時的討論會議，來思考這個問題，最終訂出了這次活動首要溝通的核心價值：「我們的主場」。這個概念來自於：過去任何賽事，台灣的選手都要孤獨地到異地，去為台灣爭光，我們也只能在電視機前面、在捷運上看著手機幫他們加油。而這次可能是我們唯一一次，有機會到現場，為他們加油打氣，而我們能不去嗎？

「我們的主場」這個主軸訂出來之後，行銷的訴求就不只是我們要幫選手加油、跟選手在一起，而是所有台灣人都要在一起！雖然主軸訂出來了很好，但在執行過程中，我們才發現過去公部門在做大眾溝通，作品和手法之所以有問題，真的不是沒有原因。

首先，因為局處都不具備行銷背景，光是要開出對的標規、找到對的廠商，就困難重重。做行銷其實需要為廠商保留合理的利潤，事情才有可能做成。此外，專案過程中漫長的決策程序，因為決策者往往不是具備行銷專業的人，卻得背負最後畫押的重任，在小心翼翼、一層一層改到最後的情況下，再有企圖心與想法的局處窗口也會磨損，許多廠商最後也不得不放棄堅持，只求結案。

當時品牌顧問小組的主要任務，就是站在局處首長和設計師中間，扮演溝通橋梁。對內控管品質、為成果背書，對外協助廠商爭取該有的資源、排除科層的困境，讓各種大膽的創意和設計可以順利推動。從一月到八月，品牌顧問小組為世大運策劃了幾波行銷亮點，在有限的資源下，不斷驅動創意，以精準地觸動情感共鳴。

「如果能有兩支看來各自獨立、但其實彼此間是互相在對話的影片，可以讓觀眾同時觀賞，擁有一些不同的發現，應該會很好玩！」在一天深夜的會議中，我們激發出了「雙核影片」的概念，拍攝了兩支影片，同時上傳到兩個世大運主要的溝通臉書專頁——台北市長臉書與世大運臉書上。其中「這次，我們回家比賽」的影片，呈現的是選手回家比賽，近鄉情怯，卻又不能輸的執念；另一支「其實我們一直都在」的影片，則是從觀眾的視角出發，談到不管是在有時差的螢幕前，還是台北的競賽現場，大家一直都在支持。

在八月最後催票的前夕，這兩支影片分別感動了所有的觀眾，但同時也有眼尖的觀眾發現，原來兩支影片是可以放在一起觀看的！只要擺在一起看，就會出現另一個由選手和觀眾一起撐起來的台灣視角和對話。

這個彩蛋讓感動和社群渲染力馬上爆棚，使得競賽的售票速度直線上升。

隨後，我們延伸這份感動，還將影片素材做成「中華隊加油」的線上產生器，讓大家可以自選世大運影片畫面，自行輸入一句話做成加油圖。既然是產生器，當然，更多網友會拿來惡搞，上線的那天，我們剛好巧遇台電的「八一五大停電」，於是很好玩地，「加油產生器」轉瞬間又變成了「停電產生器」，在媒體上又紅了一波。

種種行銷走到最後，在眾人的齊力下，根據世大運組委會統計，台北世大運一共賣出了七十二萬張的賽事門票，平均售票率達到了不能再更高的八七％，遠遠超過上屆光州世大運的五二％，國際大學運動總會主席也對台北世大運讚譽有加，表示這是他看過最成功的賽事之一。

設計也好，行銷也好，真的能很有力量！

要就做到最好，沒有中間值

另一個我們翻轉了公部門美學的案例，則是二〇一七年年底，柯文哲擔任台北市長第三年的施政報告溝通專案。那時，眼看隔年就是縣市首長大選，對於想拚連任的柯市府團隊來說，三年施政報告有如一份成績單，舉足輕重。

「志祺，我們想做一個三週年的施政報告網站，還有一支解釋性動畫影片，透過資訊設計，讓更多市民看見市政團隊三年的努力，可以討論看看有什麼可行的做法嗎？」北市府窗口找了我們，希望進行討論。

「嗯，這樣的做法，比起直接把施政報告的PDF檔案放上官網，來得有誠意多了！但是距離市府團隊所希望的『讓更多市民看見市政團隊三年的努力』這個目標，好像還是有點距離。」因為相當在意做出來的東西，是不是真的能幫客戶解決問題，幾次討論下來，我提出了「要不要考慮把施政報告做成遊戲呢？只要夠有趣，自然可以引起討論、轉傳和媒體報導，被市民看見！」這樣的建議。

「咦，好像可以耶！這好像很有趣！」北市府窗口興奮地說。

之所以會有這樣的發想，其實和我們團隊曾經做過一個議題遊戲「全能古蹟燒毀王」有關。

「全能古蹟燒毀王」這個案子是由成祥監製、柯柯負責主要企劃的節奏跑酷遊戲。當時我們用「燒毀古蹟」這樣「政治不正確」的遊戲動機來帶出台灣每個月都有古蹟「自燃」的特殊現象，並透過遊戲機制，將燒毀的古蹟資訊以獎勵的方式提供給玩家。遊戲最後會導流懶人包，帶玩家了解這些古蹟之所以被燒掉，背後的成因是什麼。

「張志祺，你建議客戶做遊戲？你知道時程只有兩個月嗎？？？（崩潰）」把消息帶回辦公室，剛聽到的柯柯有點崩潰。於是，我安慰柯柯與團隊說：「就拿『全能古蹟燒毀王』的程式修改，做一個『簡單』的遊戲就好，時程上應該來得及啦！沒事啦！沒事！」

但我想，當下我似乎忘記我們團隊超M的這件事……。以柯柯為首，夥伴們開始與市府接洽，展開專案。日子一天天過去，當我回到辦公室關心團隊時，眼前的景象卻讓我驚呆。

「什麼！你們正在讓所有角色跑起來？」

「咦？當初有說要這麼精美嗎？」瞄一眼螢幕，我發現，團隊竟然正在認真讓所有角色的腳與交通工具的輪子，都可以有跑起來的動畫特效！

「沒辦法啊，車跟人沒有跑起來，那個畫面就很怪啊！」

做遊戲實在比想像中辛苦太多了！眼看上線時程迫在眉睫，我們十萬火急地找了一個公司附近的工作空間，短租一個大辦公室，把專案的十人團隊一起拉進去趕工。現在想想，還真的就是一間（臨時的）遊戲公司呢！

在考量到後期的行銷需求，我們將遊戲風格定調為「復古Pixel風」，以近似六到八年級生所熟悉的橫向街機遊戲的遊玩方式，讓玩家在遊戲中扮演柯P，在辦公室被神祕人物占領、台北市風雲變色的危機之際，得奔跑過台北市十二區，以強力的施政能力克服挑戰，找到「傳說中能喚醒人民幸福的寶藏」，才能破除眼前的難關。

以北市府定調的「進步價值，光榮城市」為行銷核心，企劃負責人柯柯盤點了台北市十二區的街景、特產、市花等元素，將其融入遊戲中，結合「共食辦桌」、「拆忠孝橋重見北門」、「蓋公宅」、「世大運」等亮眼政績，做成關卡，向玩家發起挑戰。遊戲進行時，玩家需要在奔跑中閃避障礙物、吃補給品，想辦法盡可能獲得高分。

整個遊戲最可愛的地方，就是我們埋了很多彩蛋，用許多美美的像素風插畫，描繪台北市各區的代表人物、交通工具、美食、建築、事件等等，這些大家有共同記憶的小東西。

例如，在萬華區的補給品是「青草茶」，文山區的補給品是「竹筍」、障礙物是「猩猩」，因為那陣子木柵動物園的猩猩剛好脫逃、跑了出來，而在其他區域，我們放了世大運被罵爆的「Go Go Bravo 台灣有你熊讚」影片中的眼鏡人來當障礙物，以及封面故事是「鐵血市政廳」的財經雜誌，讓北市府幽自己一默，一時間笑翻不少網友。

常有人驚艷於我們作品的高完成度，一個行銷活動，有必要做到這種程度嗎？但或許正是因為這份「想做好」的心情非常強烈，這個作品最後才引發了這麼多的遊玩與肯定吧！

行銷必須是一場價值定位，影響才能久遠

「在這個遊戲中，我們最重視的，就是找回人與台北之間的連結，希望遊戲裡的一景一物，可以喚起台北市民的生活記憶。希望市民玩完之後，除了了解到施政內容，也能感覺到台北真的是一個宜居的光榮城市，在過程裡，找到對城市的認同。」努力把遊戲做到好的企劃柯柯，當初即是秉持這樣的想法規劃這個案子。

這個遊戲的結尾會導流到「施政報告網站」，以圖文說明三年政績；除了網站與遊戲，我們也為不打電動的長輩，設計了「解釋型動畫」，讓柯P用八十秒的時間，感性地說明施政的重要方向，以及隨之而來的改變。

「奔跑吧！台北」在上線後的五天內，就締造了六十萬人次以上的點擊率、五十二萬人次的遊玩紀錄、有八千人同時在線遊玩，導流了七萬人次閱讀更多政績報告，並寫下了網站五分鐘以上的平均停留時間等紀錄。

「玩過之後，想起市府做過老人共食、拆北門和世大運！」

「看到台北市民特寫的那一幕真的好感動，配上感人的音樂差點讓我哭出來。」

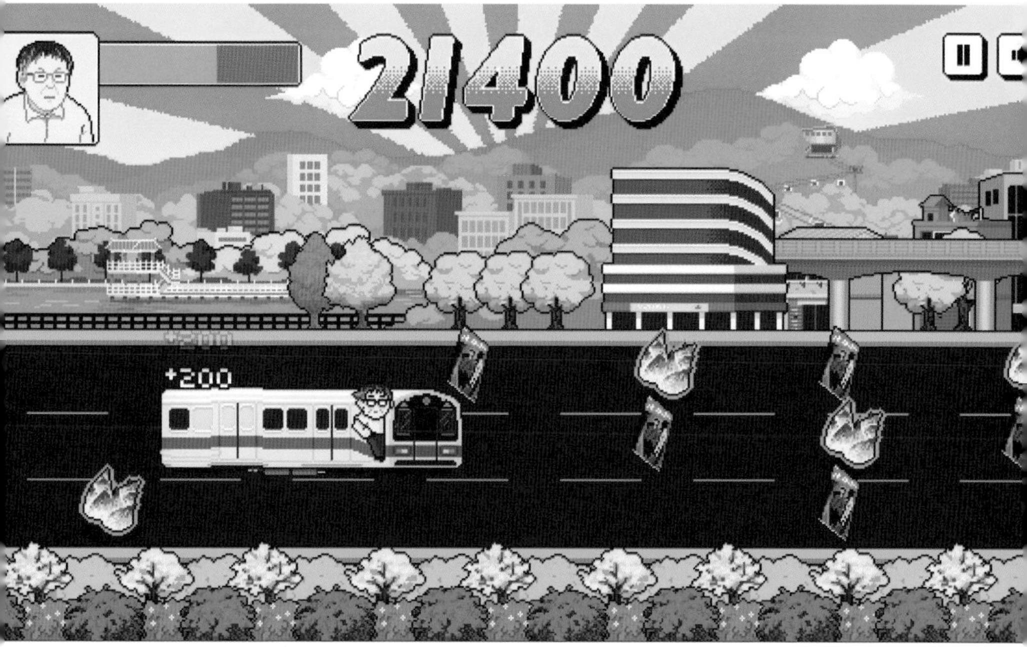

上圖為「奔跑吧！台北」三週年市政報告的網頁，下圖為「奔跑吧！台北」的遊戲畫面，創下了五天內，六十萬人次以上的點擊率等紀錄。

玩完遊戲之後，希望不只是台北市，台灣也能更美好！」

「雖然我只是個市井小民，但是看完柯P的施政成果，內心感動，激盪不已。心裡冒出了一個聲音：我想跟著柯Ｐ一起打拚，愛惜台北，光榮台北，創造人民的幸福！」

看著新聞訪問一些大學生和路人們的反應，閱讀網路上來自四面八方的留言與肯定，我們最開心的，就是關於台北市這三年來的改變，大家真的記起來了！你能想像市政成果報告，這樣一個在印象中，距離大家生活如此遙遠，沒人會想碰的話題資訊，竟然能讓許多人津津樂道，願意去玩、願意分享，甚至帶著笑容說出「覺得很感動，台北好棒」這樣的話嗎？

身為一個設計團隊，真的是沒有什麼比這更讓人開心的！透過這個遊戲，我們

我們最重視的，就是找回人與台北之間的連結，希望遊戲裡的一景一物，可以喚起台北市民的生活記憶。希望市民玩完之後，除了了解到施政內容，也能感覺到台北真的是一個宜居的光榮城市，在過程裡，找到對城市的認同。

不只達成當初設定的其中一個行銷目標——「讓民眾能夠記得三年來的政策」，更做到「讓民眾有感，愛上與認同自己所在的城市」。

回過頭來談所謂的「公部門美學」，我認為討厭一件事，你當然可以選擇避開他，或不去碰它，但也可以嘗試像我們一樣，積極努力的去挑戰、做好，過程中也許能得到更多收穫也說不定。因為與公部門的協力合作，我們讓設計的更多可能性在大眾面前發生。

不論是「世大運」，還是「奔跑吧！台北」，都證明了有趣好玩的事，還是有可能在公部門發生。關鍵是你能不能換位思考，看懂公部門在先天流程與體質上的困境，一起找到解決問題的方法，與不同立場的局處建立默契，設下共同目標，把「我」變成「我們」。

創新的空間來自過去的作品和成效

其實，造成公部門美學停滯不前的核心問題，來自於「怕犯錯」。站在公部門的立場，他們會特別擔心如果做了一個過去沒做過的事，會不會惹來民眾的抱怨？會不會效果比以前差？會不會導致長官被議員或立委質詢？

此外，為了避免決策失誤，公家單位還必須面對繁複的發包標案流程，必須以「複雜的程序」，嘗試找到「對」的廠商，透過一層一層「複雜的決策流程」，來增加決策的成功率。

然而，過度依賴制度的做法，卻忽略了納入「專業者的意見」這個重要關鍵。

而且「防弊大於興利」的想法，雖然有其道理和形成背景，但對想做好事情的廠商

討厭一件事，你當然可以選擇避開他，或不去碰它，但也可以嘗試像我們一樣，積極努力的去挑戰、做好，過程中也許能得到更多收穫也說不定。因為與公部門的協力合作，我們讓設計的更多可能性，在大眾面前發生。

來說，反而成了很大的限制。想斷開當中的鎖鏈，「信任」是一把很重要的鑰匙。

在世大運的案例中，因為有「品牌諮詢小組」擔任起嫁接信任橋梁的專業者，對外撐起廠商創意發揮的空間，對內掛保證，肩負起決策的責任，給局處很大的信心。

而在「奔跑吧！台北」當中，因為我們團隊過去的公益作品「全能古蹟燒毀王」，已經看得到口碑與效果，對年輕的負責窗口來說，要回去跟長官溝通新的創意，相對就比較輕鬆。社群上的數據讓大家合作起來不需要憑空想像，而能夠有跡可循。

加上當時，雖然我們只是十幾、二十人的小團隊，但已經累積了許多大大小小和不同公家單位合作的「懶人包」和網頁作品，加乘世大運的外掛合作，都建立了一定程度的口碑。北市府了解我們的做事風格，知道我們是值得信賴的團隊，也就願意放手讓我們大膽嘗試。

因為一路上的累積、嘗試與不放棄，讓我們與公家單位保持良好的關係，也才墊起了創新發揮的空間。

換句話說，如果想要讓事情變好，創造一個「容許犯錯」的環境，是非常重要的。當公家單位願意嘗試一些新東西，而你感覺他們「好像跟以往有點不同」的時候，請盡量多給他們一些鼓勵。因為嘗試一定有風險，一次沒做好不要緊，下一次還有勇氣嘗試，才是真正變好的關鍵。只有大眾願意成為他們的後盾，人民的公僕才會得到下一次做得更好的養分。

有趣好玩的事，還是有可能在公部門發生。關鍵是：

1. 你能不能換位思考，看懂公部門在先天流程與體質上的困境
2. 一起找到解決問題的方法，與不同立場的局處建立默契
3. 設下共同目標，把「我」變成「我們」

只有大眾願意成為他們的後盾，人民的公僕才會得到下一次做得更好的養分。

Chapter

16

把好爛變好玩：政治，可不可以很歡樂？

二〇一九年十一月，台灣即將迎來二〇二〇年總統大選與立委選舉，各大政黨還在躊躇不分區立委名單之際，有個以守護「全民歡樂」為宗旨的政黨宣布成立，那就是——歡樂無法黨。

是的，我和「上班不要看」的老闆暨時任議員的呱吉，還有「眼球中央電視台」主播視網膜，正式向內政部提出申請，一起組黨了！創黨宗旨為「推動台灣社會每處每地都歡樂、台灣民眾無時無刻不歡笑」，我們用行動提出一個疑問：難道，政治就不能很歡樂？

喚起大家政治參與的初心

政治不遠，即是生活。但是在台灣，政治資源的長期壟斷，加上選舉時媒體的渲染，導致平日政治是少數人的遊戲，選舉時則成為全民的鬧劇。台灣人長期對政治的失望、冷感，累積了深深的不信任，久而久之，可能就轉變成對民主的灰心。

這個行動，出乎我們意外地，在當時媒體上掀起軒然大波，有人覺得我們在胡搞，有人謠傳「抓到了，YouTuber 政治撈仔」，甚至引起很多「陰謀論」的臆測與討論。

但也有很多本來覺得政治很遙遠、對政治漠不關心的朋友，因為「歡樂無法黨」，真正開始關注政治議題。在大選之前，跟我們一起走過一場由「戲謔性政黨」所掀起的「公民參政」科普教育。

在國外，用看似搞笑與幽默的方式來進行社會倡議的「戲謔性政黨」，其實不在少數。有的甚至在政壇上，創下比傳統政黨更好的成績。其中最有名的，就屬本來因為反對版權壟斷而發跡，後來連結到全世界的「海盜黨」，如今已經成為捷克國會的第三大黨。有人說，出現「戲謔性政黨」，是一個國家的民主成熟到一定程度的指標；也有人擔心，台灣的民主體制，可能還沒有成熟到可以容許「戲謔性政黨」的出現。

到底在政治環境相對保守的台灣，出現了一個立志守護「全民歡笑」的政黨，會引起什麼效應呢？

「太帥了啦，二〇二四唯一支持歡樂無法黨！」
「第一次那麼想加入政黨！」
「你們真的太有趣了，台灣真好！」
「才去拿身分證，表單已經填不進去了（哭……）。」

還記得那天是十一月五日，「志祺七七」頻道剛發布「志祺七七與呱吉、視網膜即刻組黨」的影片，並且說明成立一個政黨之前要做哪些準備。下面留言中，即出現了「秒殺」般的填表單熱潮，不過大家不是在搶演唱會的門票，也不是在搶購周邊商品，而是在爭相加入籌備中的「歡樂無法黨」。

為台灣守護「人民的歡笑」

由於內政部規定政黨成立要先有一百位「創黨黨員」，當時「歡樂無法黨」的消息一出，十七分鐘內就有六、七百人湧入填寫，嚇歪的夥伴們趕緊關閉報名表單。

此時，呱吉也在自己的頻道，同步直播公布組黨計畫。「眼球中央電視台」也在當天的「央視一分鐘」的片尾，發布了「視網膜與呱吉、志祺連袂組黨」，將在十一月十四日召開創黨大會的訊息。可能台灣政治圈，長期缺乏正面歡樂的新聞，各大媒體，從當晚就開始爭相報導。

嗯，事情鬧得有點大呢……，但事情之所以會鬧得那麼大，其實是從一篇廢文開始。

有一天，我因為看到一個很不認同的法案通過，於是po了一篇廢文：「哇，從來沒那麼想選。」沒想到引出呱吉在下面留言：「我也很想組黨，選總統一定要錢，但組黨不用，一點手續費加一百人就有。要一起幹嗎?」於是，事情就這樣展開了。其實，早在呱吉相揪之前，「志祺七七」團隊，就思考過組黨這件事。在台灣民眾黨成立、表態要拚二〇二〇年立委選舉的時候，眼看兩三下一個新的政黨就橫空出世。

「咦，原來組黨是可以這麼迅速的事?」我們的頻道企劃沁歡提出疑問，好奇當中到底會經過哪些流程。而再怎麼查資料，都不會有親身經歷來的清楚。於是「志祺七七」團隊討論，要不要乾脆來組一個黨?沁歡打開內政部網站，開始試著填寫資料，沒想到Key到注音文，然後不小心竟按到送出……。

總歸那次是組黨失敗了，但卻也讓我們意識到，自己與身邊的人，對於政黨政治真的超不熟悉。於是呱吉一揪，也有意組黨的我們，馬上say yes，準備攜手掀起一場大型的公民教育實驗，讓更多年輕人認識與我們生活息息相關的「政黨政治」，進而願意去了解、參與，甚至是投入！

宣布組黨那日，歡樂無法黨同步公布了看似很鬧的「黨綱」。所謂「黨綱」，也就是整個黨的核心理念：

第1條：歡樂無法黨意旨歡樂無法擋，以歡樂為本，實現本黨之理念及綱領。

第2條：宗旨為推動台灣社會每處每地都歡樂、台灣民眾無時無刻不歡笑，建構良好表演自由之環境及大家都知道如何教育孩子的社會，「避免所有國民被香菜侵擾、被各式粉類出征」，實現自由民主台灣之目標。

第3條：本黨主張政治不難，找回歡樂而已。

第4條：本黨允許雙重黨籍，並且不收黨費，認同理念而喜歡香菜者仍可以依規定申請入黨。

第5條：全體黨員或核心黨職幹部開會應具備酒水零食（香菜除外）、供娛樂之影片、書籍及用具，使大會氣氛保持歡樂為原則。

第6條：本黨希望一個小小的島，充滿大大的歡笑。

六大條款當中，屏除視網膜私心置入的「香菜條目」，其他黨綱，都可以看到本黨為台灣守護「歡笑」的初衷。但由於消息一出，新聞聲浪太猛，各種傳言不脛而走。有傳說我、呱吉與視網膜三人有意角逐二〇二〇選舉，也有人說我們早就被哪個黨派徵召，只是在作秀拉抬聲量。此外，有人開始怕歡樂無法黨瓜分掉民進黨選票，也有小黨擔心選票再被「網紅政黨」稀釋。

志不在選舉，而在公民教育

但其實，「歡樂無法黨」的整個行動，從一開始就是被定調成一個大型的「政治科普公民教育」，目的在倡議與教育，而不在選舉。

以近期創黨的台灣民眾黨來說，整個創黨大會是閉門進行，另有一個「創黨儀式」公開給媒體參與。的確，創黨大會流程相當漫長、無趣，即使公開了，也不見得有很多人感興趣。但是，這種知識如果一直處於閉門狀態，或是變成家庭內代代相傳的資產，只會讓年輕人一直覺得「政治好遠」、「政治好髒」，久了政治圈就會變成一池止水，停滯不前。

終於來到十一月十四日，歡樂無法黨的創黨大會。

歡樂無法黨共有一百一十五名創黨成員，其中有九十五人出席創黨大會。到場的幾乎都是年輕人，三個半小時全程公開直播，創下九千人在線觀看的紀錄，跟我們一起走過漫長的啟動儀式、議案討論、組織章程的布達，以及歡樂執行書記與最高大法師的選舉，在既嚴肅又笑鬧的當中，走過完整的政黨成立程序。

最後，不意外地，由呱吉當選歡樂執行總書記，榮譽主席則是由視網膜的柴犬柚子擔任。關於政黨政治，你有聽過誰誰誰被黨「徵召」的新聞嗎？如果「博恩夜夜秀」的博恩被歡樂無法黨徵召，他該如何回應？

或是你聽過有某人因為違反黨紀，被迫退出某政黨嗎？如果愛爆雷的呱吉，不小心透露歡樂無法黨的「不分區立委」名單，遭到黨紀處分，故事又會怎麼走？這些在新聞中常見的政治事件，也都幾乎「差點」發生在歡樂無法黨。

從發布創黨，到創黨大會過後，網路上持續敲碗要我們徵召博恩，聲浪也愈來愈大。後來，我和呱吉出現在博恩夜夜秀的現場，經過現場問答的挑戰，成功徵召到博恩入黨。但呱吉在現場差點爆雷了我們的「不分區立委」名單，好在後來為了

組黨知識如果一直處於閉門狀態，或是變成家庭內代代相傳的資產，只會讓年輕人一直覺得「政治好遠」、「政治好髒」，久了政治圈就會變成一池止水，停滯不前。

節目流暢度被剪掉，否則歡樂無法黨的「黨紀」中規定：「禁止在直播、影片、貼文中爆雷，洩漏黨的重大機密。」我們的總書記就要被退黨去另外自組「喜樂無法黨」啦。

在政黨運作的過程中，「志祺七七」頻道隨著故事的演進，陸續同步釋出「政黨政治」知識科普影片，幫助大家了解要看懂故事所需的背景知識。像是七七頻道的「歡樂無法黨」系列影片，第一集簡介內政部的創黨流程，第二集談到，呱吉說歡樂無法黨是「柔性政黨」，但柔性政黨到底是什麼？

第三集跟觀眾聊聊，各國看似不正經的「戲謔型政黨」，影片中介紹了海盜黨、冰島最棒黨、比利時的不黨、波蘭愛好啤酒黨、日本無支持政黨、英國官方妖怪狂歡發瘋黨、狂歡瘋狂綠巨人黨等各國黨派。

而在我們公布兼顧原民、新住民、貓派、狗派、女力與食安等族群的「不分區」立委名單後，「志祺七七」頻道也釋出了一支影片，說明到底什麼是「不分區」立委，為什麼可以從名單中看出一個黨的核心價值，以及為什麼選上了就不能罷免等小知識。

就這樣，「志祺七七」頻道陸續推出了十一支「歡樂無法黨」系列影片，為許多第一次關注政治議題的朋友，即時補血相關知識。在媒體上，大家始終非常關心我們的「選與不選」，即使在行動之前，我們對於政治圈的各方高層都已打過招呼，但媒體上風風雨雨聲浪太過猛烈，還是引起不少長輩與客戶來電「關心」。除了「關心」的電話，網路上也充斥各種「政治是很嚴肅的事」、「不能搞笑」等各種質疑與批評。

但是，還是有支持與鼓勵的來電。

歡樂是資訊戰和仇恨動員的重要解方

其中一通電話的那端是政委唐鳳。唐鳳在我們創黨後，來電致意表達支持，也在創黨大會當天，送了貓薄荷花籃來到現場，卡片上面還寫著：「得其歡樂」。因為覺得意外，也感到很有趣，我臨時跑去找唐鳳，進行了一段訪談，請教他對於歡樂無法黨的看法。

唐鳳表示，自己的團隊和國際海盜黨組織、冰島最棒黨，這些國際間大家看來「很歡樂」的政黨，其實都是盟友，常常互相交流公民參與的方法。所以剛得知「歡樂無法黨」的時候，便馬上理解，這是一場大型的公民教育。

「『歡樂』是現在的資訊戰或仇恨動員中，很重要的解方，」唐鳳強調，這也是為什麼花籃會送貓薄荷的原因，他說：「如果我送的是『香菜』應該會造成不那麼歡樂的結果，但因為送的是貓薄荷，誰會反對貓薄荷呢？我的意思是說，如果我們要促進彼此聆聽、彼此對話，我對當中點點滴滴的各種嘗試，都很有興趣，也覺得應該支持。」

隨著日子過去，在眾所矚目下，歡樂無法黨如預期地「錯過」選舉登記時間，但卻也在二〇二〇年的二月正式取得內政部公文，正式成為台灣第三百六十五個合法政黨。

這場近似行動藝術的「公民教育」終於落幕，過程中，我們也發布了「再見了，歡樂無法黨？」的大結局影片，完整說明了整個行動的初衷與精神。當中的所有歷程，我們也用影片與粉專，將過程中的點點滴滴全部記錄下來，讓未來不論是素人參政，還是也有人想搞笑救國，或是鄉民單純看熱鬧連過來關心政治，都有可供參考的借鑑與足跡。

我們相信，為了民主與自由所做的嘗試，只要有所記錄與累積，每一步都不會白費。

花一小時，改變自己的未來

「再見了，歡樂無法黨？」的大結局影片，可以說是歡樂無法黨的一段結語，以下是全片的內容：

「hiho，首先我想要感謝你，因為你對歡樂的熱情以及對未知的事物充滿興趣，我們才有機會在這裡相遇，但這支影片可能沒有你想像中的那麼歡樂。在過去的這些日子裡，我們成立了聽起來很鬧的政黨，在記者會上講一些惡搞的回答，召開荒謬的創黨大會。

我知道有些人對這些事情其實很不以為然，就連支持我們的人心裡恐怕也有很多疑問。但我們想讓大家知道的是，在台灣這塊土地上，大家都有權為了自己認同的主張而聚在一起，就算是要成立這麼不正經的政黨，只要你依循法律程序，政府還是會保障我們最大限度的自由。

無論是所有相愛的人們都能結婚的自由，又或者是為了表達訴求而走上街頭時，免於受到生命威脅的自由。我們始終相信，政治最重要的意義就是要守住每一個人的歡樂。如果每個明天、每個選擇都需要 huân-ló.（台語：煩惱），我們也不可能達到真正的歡樂。所以為了達到真正的歡樂，我想呼籲大家從現在開始跟我們一起去做一些乍看之下沒有很歡樂的事情。

例如，在投票日當天抽出一點時間，為了你在乎的理念排隊投票，或是當其他人的權利受到侵害時，鼓起勇氣為他們說話。因為只要花一、兩個小時的時間去排隊投票，你就有可能改變自己的未來；只要用一、兩句支持的聲音去加油打氣，就有可能得到未來能並肩作戰的隊友。

Freedom is not Free。如果你願意跟我們站在一起，捍衛這樣的想法，別忘了持續跟身旁的親友們保持溫柔的對話，一起為了歡樂的未來而努力。」

在台灣這塊土地上，大家都有權為了自己認同的主張而聚在一起，就算是要成立這麼不正經的政黨，只要你依循法律程序，政府還是會保障我們最大限度的自由。

在投票日當天抽出一點時間，為了你在乎的理念排隊投票，或是當其他人的權利受到侵害時，鼓起勇氣為他們說話。因為只要花一、兩個小時的時間去排隊投票，你就有可能改變自己的未來；只要用一、兩句支持的聲音去加油打氣，就有可能得到未來能並肩作戰的隊友。

Chapter

17

團戰時代誰都可以是主角：如果世界可以更好，為什麼要讓它爛掉？

在創業前幾年，我認為這個世界是被商業推動的，要把能讓世界變更好的事，和商業綁在一起，它才會一直滾動下去。不過，這幾年觀察下來，我發現這個世界更多時候，是被笨蛋所推動的！

常常覺得人活著真的很不容易，養活自己之餘，還要夠了解自己，同時又要忙著回應外在世界。因此，對我來說，心裡覺得最踏實、最滿足的時刻，就是找到自己與世界之間的連結。

而這是一個「從我到我們」的過程。

世界好，我才會好

在公司內部，了解夥伴的強項與自己的弱點，正視執行的複雜度，甘願成為大家的讀稿機，真心相信且感謝每個人，這也是「從我到我們」的過程。在外部，經歷了一些事，當「我們」與「我」之間的界線逐漸模糊，我發現以群體的角度去思考事情，所有的路都不會白走，一切的挫折都會成為他人未來的養分，而挫折也就不存在了，這也是「從我到我們」的過程。

當「我們」就是「我」的時候，眼前會出現很多得以行動的可能性。例如，從世大運外掛顧問、美感教科書、歡樂無法黨、WHO《紐約時報》集資等等，這些都是無利可圖，但可能會讓世界更好的行動。

不過，這些可能讓世界更好的機會，在網路時代稍縱即逝，如果沒有抓住，一下子就過去了。所以必須想辦法，在機會出現時把它打擊出去。每一次的打擊，面對的都是一個極為複雜的問題，需要一群來自各方的人，可以快速組隊，一起迅速地產出一個行動，來回應問題。

如果世界可以變更好，為什麼要放著讓它爛掉？

球來了，即使是屎缺，也要把它打出去。每一次接下來的過程中，有挫折，也有收穫，但只要順利走過，活了下來，就會發現，自己跟整個世界一起成長、前進了！

二〇二〇年四月十日，是寶可夢預購卡牌、第四彈傳說交鋒繁體中文版可以取貨的日子，也是太空戰士七的正式發售日。沒想到這天凌晨，等著我的不是蒂法，也不是小霞和竹蘭，而是熬全夜趕製一個集資頁面。

不要只是在原地抱怨，行動才能產生改變

事情是這樣子的，世界衛生組織（WHO）祕書長譚德塞（Tedros Adhanom Ghebreyesus）在四月八日WHO對全世界的記者會上，公開針對台灣發表長達三分鐘的不實發言，指責台灣政府默許這三個月來，對他個人進行種族歧視的人身攻擊，甚至發出死亡威脅。

面對這個世界級的假資訊，台灣人必須做出回應。我接到好友的電話，問我要

如果世界可以變更好，為什麼要放著讓它爛掉？球來了，即使是屎缺，也要把它打出去。每一次接下來的過程中，有挫折，也有收穫，但只要順利走過，活了下來，就會發現，自己跟整個世界一起成長、前進了！

不要參與這次行動？想都不用想，當然要！這次沒有藍綠，只有台灣人站在一起。

面對冷遇台灣多時的國際組織高層，因特定國家的干擾，對經歷過ＳＡＲＳ慘痛經驗，記取教訓而努力奮進的台灣，進行指控，說我們針對他個人發動網軍操控與攻擊。全世界收看記者會的媒體與各國人民，都可能因為他的發言，對台灣產生嚴重而不可逆的誤解！

這口氣，我們吞不下去。

花了一個晚上，做完集資頁面，說明我們已經預定《紐約時報》全版頁面，希望集資四百萬重返《紐約時報》，透過以一封給國際的公開信，向世界發聲，告訴大家這個長期被忽略的國家，這些年來花了多少努力。

會說「重返」《紐約時報》，是因為發起執行團隊中的聶永真、沃草（Watchout）共同創辦人林祖儀，與迷走工作坊 Mizo Games 創辦人張少濂，三個人都是在三一八學運期間，號召集資《紐約時報》廣告、向世界發聲的共同發起人，不過這次的發起執行者，還多了我與阿滴的加入。

在不到一天的集資期間內，集資專案共獲兩萬六千九百八十人的贊助支持，等於平均每兩秒有一人投入支持，在嘖嘖集資平台與貝殼集器的計畫專頁，累積超過兩百萬人次的瀏覽，顯示台灣人對於這次公開發聲的重視與熱情。本來預計募資四百萬元，最後募資到的金額竟然高達一千九百多萬元。

然而，募資成功才是挑戰的開始：廣告主軸該怎麼走？立場如何設定？設計如何呈現？文案該如何表達？為什麼選《紐約時報》？紙媒廣告的效益在哪裡？剩下來的錢又該怎麼花？

過程中，每一步都將被放大檢視，需要經過縝密周延的考慮，也要做好心理準備。因為再怎麼想做好，一定也有不認同的聲音，縱使過程中所有人都是義務幫忙，然而眾人的期盼與目光堆滿了肩，「壓力山大」還是得扛著好好走下去。

加上公開回應有其時效性，作業時間非常緊迫。一開始我們只是單純想要針對譚德塞的不實發言做回應，發出了第一個版本的公開信後，果然被罵爆。我們意識到這個集資專案，其實不適合以「代表台灣」的立場書寫，頂多只能代表參與集資的兩萬多名朋友的聲音。

不用一步到位，但要有不斷修正的勇氣與承擔

行動才剛開始就大逆風，面對各種質疑與批評，大家都很崩潰。但我們在過程中，漸漸清楚自己必須背負的責任，認知到錯誤後，緊急找來熟悉國際關係的專家共同協作。

「我覺得你的建議很有道理，要不要來加入我們，一起幫忙！」我開始私訊一些批評得很有建設性的朋友，邀請大家來加入我們。愈來愈多人進來幫忙，很快的組成了一個「文案小組」，共同消化網友們的批評與建議，大幅修改公開信，最後產出兩個版本供大家投票選出。

我們理解到：我們不需要和譚德塞打泥巴仗，而是應該提升高度，好好溝通 Taiwan Can Help 的訴求就足夠了。修正到第七版，最後的主軸是向世界發出一個訊息：Who can help? Taiwan. 廣告終於在四月十四日於《紐約時報》紙本全版與數位版面正式上稿。這個消息，不只受到總統蔡英文與外交部的轉發，更有相當多的國際知名人士主動響應。

有二十萬人推特追蹤的前美國駐聯合國大使薩曼莎・鮑爾（Samantha Power），也發文表示我們集資刊登的《紐約時報》廣告「強而有力」；美國心臟醫學權威艾瑞克・托普（Eric Topo）一看到數位版廣告，也發文稱許；身在美國的中國民運人士王丹，一早去取訂閱的《紐約時報》，看到大大的 TAIWAN，感到感動與驕傲，表示：「台灣，值得被全世界看到！」

但我萬萬沒想到的是，集資登報的行動，居然真的會引起譚德塞的回應。

四月十五日，世界衛生組織（ＷＨＯ）列出十三點回應，表示數十年來一直與台灣衛生部門保持技術交流。對此，台灣總統與外交部皆發聲回應ＷＨＯ所言與事實不符的地方，也強調WHO該讓台灣「完整參與」衛生交流。

聶永真的《紐約時報》廣告視覺設計，也引起台灣網友、商家小編的二創致敬，在網路上引起一陣歡樂的迷因風潮。

「一開始也許大家都一頭熱血，思慮不周，但這個團隊聽進大家的建言，不斷修正，讓兩萬多個捐助者的心意讓世界聽見！做得好！辛苦了！」一位朋友在我的牆上這麼留言。

能在短時間內團結起來，一起完成這樣的一件事，這真是台灣最可愛、也最不可思議的地方！

看重自己，別人才會支持你

那剩餘款項，去了哪裡呢？要能好好處理剩餘款項，讓錢去到兩萬六千九百八十位捐助者都能滿意的地方，也是一大挑戰。我們按照出資者們的投票意願，將餘款的四五．八二%用於海外數位廣告與宣傳，三一．九七%捐助國內醫療器材或資源，捐款了五百二十一萬給疾管署進行疫情防治。

海外數位行銷方面，我們也聯絡上國際知名創作者，包括千萬級網紅Nas

Daily，以及來自美國、新加坡、菲律賓、泰國、中東以及印度的八位外國 YouTube 創作者，分頭創作影片，為台灣發聲。最後我們在這次的專案中，累積超過了一億次的觀看，更有創作者創下開台以來最高瀏覽量的紀錄。

能在有限的時間與預算內，達到這樣的效果，也是溝通力所促成的。因為阿滴和我都是 YouTuber，深知當中的文化。阿滴在過程中扮演了重要的角色，擬定好企劃概念，告訴這些國際創作者：「我們可以做什麼樣的內容、我們可以協助你拍攝台灣的景象，亮點跟企劃都有了，你要不要來拍？」

這種「我超懂你要什麼」的安心感，是能快速達成多個跨國創作者合作的重要關鍵。此外，由於最開始《紐約時報》紙本的投放，塑造了一個有趣又亮眼的話題，容易吸引到外國創作者的注意；而台灣特別的國際處境與成功防疫的故事，也深具衝突感與戲劇張力，感動了多位創作者，願意用超優惠的價格義氣相挺。

這個經驗讓我們了解，台灣的故事在外國人眼中，是很有力量與份量的，真的千萬不要小看自己！

逆風時，永遠要撐住夥伴

二〇二〇年真的是很特別的一年，從大選到疫情，覺得自己很幸運能扮演小小的角色參與其中。在這當中，如果說在我身上留下了什麼，那就是從一次次的跌倒與挫折裡，體會出了「從我到我們」的領悟。

人真的很難做到百分之百的同理心，除非你也同樣的痛過。在過程中，我發現原來我過去受到的挫折，可以在夥伴脆弱的時候，成為他的力量。

「到底為什麼，我要遭受這樣的質疑跟謾罵？」在剛開始大逆風的時候，本來以為只是來幫忙翻譯、卻站上浪頭的阿滴，一度非常崩潰。

「這個人是我的夥伴，我要撐住他！」看著眼前的阿滴，我意會到這次《紐約時報》行動中的一個重要任務，就是要保護意見領袖進行社會參與的初心，無論如何都要有一個好的收尾，讓未來每一個有影響力的人，都還敢、還願意為整個社會站出來，唯有如此，才能為台灣的未來帶來更多好的改變。

「我們一定要把這個案子翻到成功，不然會有很多事情受到打擊！當我們成功了，就有機會鼓舞更多人在未來的某一刻願意投入、挑戰！」在被罵到最崩潰的時候，我跟夥伴說：「很多事就是個屎缺，但屎缺總要有人來做。如果連我們都不願意試的話，那就很可能沒人來做了。」

過去老是逆風、常常被罵爆所累積的危機處理經驗，加上在這次行動中，我不是公眾最關注的當事人，反而可以更冷靜思考，成為團隊中穩定的後盾。在大逆風、大家都不敢踏出正確的那一步，甚至在考慮要不要退的時候，我趕快翻出大家的初衷來鼓勵大家向前；也在下一步由逆轉順、大家想要多踏一步的時候，拉住所有人，提醒大家：讓我們先專心把最重要的事做好。

走過這一段，我才知道，原來我們曾經遭遇過的挫折，可以在他人需要的時候，成為支持的那道光。

回到那句話：如果世界可以變更好，為什麼要放著讓它爛掉？不論是世大運的外掛顧問、美感教科書、歡樂無法黨，還是ＷＨＯ《紐約時報》集資，這些社會參與，先不談無法創造實際收入，光是吃力不討好、容易變得裡外不是人的這一點，都不是聰明的生意人會選擇去做的事。

但是，這個世界很多時候，偏偏是由笨蛋所推動的。

死路的盡頭，總有意想不到的寶箱

一路走來，我自己為了能持續破關，不小心變得愈來愈斜槓，到後來會漸漸覺得，好像是這個時代在讓我們準備著什麼一樣。每當有突發事件，需要快速到位與回應、不求精美的時候，真的會需要一個什麼都能做、每個領域都懂一點的人跳下來。

因此，台灣民主或公民意識的行動，即使容易失敗或被罵，很幸運擁有一些社會資源的我，真的覺得如果有辦法的話，應該多嘗試一些。

關於行動的結果，不論是失敗或成功都好，重點是留下足跡，讓大家知道我們是怎麼做的，這樣子就會有更多人願意去採取行動，讓後面的人可以站在我們的肩膀上往下走。以前的我，不太懂得如何處理失敗或挫折的情緒，但在這個局裡面，我理解到一件事：挫折，只是成功路上的一個過路點。

如果最終要達到成功的單位，是「我們」，而不是「我」，我今天先體會到挫折，而學到了這件事，未來當別人受挫時，就能夠撐住他。所以，過程中經歷過的這些傷痛，在未來會成為支持別人的光，我覺得這是最重要的。

成功不必在我，有可能是我們大家一起成功，當我把今天的挫折記錄下來，可能會由別人來完成它，那在時間的維度上，就有我貢獻的力量。這樣看來，其實沒有所謂真的「失敗」，你只是找到了一些不同的路。就像在RPG遊戲裡走迷宮，你一定會走過一大堆死路，然後才慢慢了解整張地圖，最後才真的找到了迷宮的出口。

然而，不要忘記，死路的盡頭，通常藏有寶箱，勇於探路的人，總是會有意想不到的驚喜與收穫。

成功不必在我，有可能是我們大家一起成功，當我把今天的挫折記錄下來，可能會由別人來完成它，那在時間的維度上，就有我貢獻的力量。這樣看來，其實沒有所謂真的「失敗」，你只是找到了一些不同的路。

關於行動的結果，不論是失敗或成功都好，重點是留下足跡，讓大家知道我們是怎麼做的，這樣子就會有更多人願意去採取行動，讓後面的人可以站在我們的肩膀上往下走。過程中經歷過的這些傷痛，在未來會成為支持別人的光，這是最重要的。

結語

誰訂的幸福KPI：所謂「人生勝利組」，真的存在嗎？

如果把人生比喻成一場遊戲，獲得幸福是我們的最終目標，很多玩家可能沒發現的是：這場遊戲的獲勝條件，其實可以自訂。

而我的人生裡，有過很多這樣的時刻。

「志祺，你家境不錯，還有自己的公司，根本是人生勝利組吧！」從二〇一九年年底開始，有滿多人這樣對我說，其中有些是頻道的觀眾，有些是其他的YouTuber，也有些是演講聽眾和創業者。

成功不等於幸福

那時我剛成為YouTuber一年多，頻道的訂閱數大約落在三、四十萬人，大家剛認識張志祺，覺得：「咦，這傢伙過得不錯！」但事實上，那時的我，心裡非常不踏實，除了還不太能適應做為一個公眾人物的自己，眼看跨足的各個領域，也都還沒做到頂尖，隨便都可以找到好多比我優秀，程度甚至可能是我一輩子都追不上的人。

在我覺得自己是一坨屎的當下，卻有好多「人生勝利組」的標籤，開始往我身上貼。我忍不住開始思考，當中的落差是什麼？到底什麼是成功？我才發現：或許，所謂成功的定義，在於能衡量「幸福的ＫＰＩ」。

不知道大家對於「成功」與「人生勝利組」，有什麼想像或定義呢？是名校畢業、有車有房、已婚有子、工作穩定……？還是自己創業、有夥伴、在追求夢想的道路上？在長大的過程中，整個社會不斷告訴我們，什麼叫做成功、什麼樣的人才值得羨慕與讚美。但我更好奇的是：在社會環境不斷巨變之下，長輩和社會教育我們的「幸福ＫＰＩ」，真的還適用嗎？

但當然啦，用講的很簡單，要從主流「成功」的定義框架裡跳脫出來，卻也不是件容易的事！關於成功這個「幸福ＫＰＩ」，幸運的我，一路以來受到很多強者的啟發，經過數年的累積，想法才有所成長、轉變。

這個故事要從二〇一六年「政問」的一場訪談開始說起。

二〇一六年，簡訊設計／圖文不符在創立初期，參與了一個新型態的直播政論節目——「政問」的製作，其中有一場直播是雷亞遊戲創辦人游名揚的專訪。當主持人說到「雷亞遊戲是一間非常成功的遊戲公司」時，游名揚的回答，令我印象非常深刻。游名揚表示：

「『成功』這兩個字有點危險，必須先定義一下什麼是『成功』。有人是指有錢；有人是講有名；有人是指有做出好的作品，請問你是指哪一個？」游名揚反問主持人。

二十五歲的我，當下雖然聽不太懂，但覺得：「咦！這答案滿特別的！」所以就默默地記在心底。隨著日子不斷過去，有一天，我突然好像有點明白游名揚話中的道理了。

沒錯！其實「成功」真的是一個模糊的詞，在沒定義清楚之前，我們根本無法在模糊的基礎上，進行討論。把這樣的思考，套用到人生上來看，我們就會面臨一個很基礎的問題：到底怎麼樣的人生，是成功的人生？在答案很模糊、還沒弄清楚的空框下，任憑我們再怎麼朝向成功去努力，也不可能追求到一個成功的人生。

思考什麼是讓你願意努力的深層動力

時間再回到二〇一七年，在一場關於居住正義的座談會上，我開始思考一個關於「幸福KPI」的定義。

當時，時報出版社舉辦了一場座談會，以新書《下一個家在何方？驅離，臥底社會學家的居住直擊報告》為核心，邀請了政大地政系特聘教授張金鶚、文字工作者盧郁佳與我，進行一場關於房價與居住正義的跨世代對談。座談中談到「年輕人是否有餘裕買房」這個議題。

那時我表示年輕人就是買不起房。以我個人為例，雖然來自殷實的家族，受過良好的教育，一路以來也還算努力，但以我的收入來說，仍是完全買不起房子的。「買不起房的一代」這個標籤，對年輕人來說，產生了一個集體性的巨大挫折。過去大家常說「五子登科」，好像要有妻子、房子、車子、兒子和銀子才算是成功。但反過來看，好像也變成，如果我買不起房子、沒有車子，沒有什麼、什麼，我就是一個失敗的人。

但是，在現代的社會裡，我認為所謂「成功」這件事，用來衡量的標準必須有所改變。如果我們換個角度來看，我們發現年輕人不買房，可能是因為他們思維很靈活，認知到自己買不起，所以決定不花那麼大的力氣、存一大筆錢，讓自己每天過得很累，只為了買個房子、背好幾十年的房貸。仔細想想，那樣真的不會比較幸福吧？硬是勉強自己，甚至還可能變成不幸的開始。

在如今的所得與物價之上，年輕人買了房子，很可能是把非常有限的可支配所得全都綁在一個地方。或許三、四年後，你還在這個地方工作，但是十年後還是嗎？有了孩子後，出現教育的需求，或是年紀大了以後，對於居住的需要又不同了，甚至最後可能都是在養老院度過餘生，也不是住在這個地方，屆時你要如何處理這樣子的資產呢？

在這樣的社會環境背景之下，如果老一輩還是把買房的期許，加諸在年輕人身上；如果年輕人還是把上一代對「成功」的標籤，往自己身上貼，就等於是用上一個世代的幸福標準，來要求身處於這個時代的自己，就算想幸福，也很難啊！

「我們對於『幸福的 KPI』，應該要與時俱進！」

我第一次提出了「幸福 KPI」的概念：「我們過去所定義『幸福的樣子』其實需要有所調整，年輕人需要有意識地去重新定義成功與幸福的樣貌，而不是拿既有的標準來要求自己，人生才會過得比較快樂。」當時在對談中，我是這麼說的。

記得二〇一九年，也就是前面提到我常被說是「人生勝利組」，那時很多朋友會問我：「欸！志祺，老實說，你會不會覺得你這樣賺錢很沒動力？」

有一天，一邊打電動，一邊閒聊時，一個朋友隨口問道：「你除了王蟲之外，好像也沒什麼其他太大的物欲，或是說難聽一點，如果你硬要回家當廢物，你爸媽也不會說什麼，你這樣賺錢會不會很沒動力啊？」

嗯，的確，我身邊有閒錢的話，的確會亂買東西（例如各種美美的寶可夢卡牌周邊），但是卻沒有「什麼東西非買不可」的強烈物欲，連手機也是一支 iPhone 7用了三年，用到電池已經出現問題才覺得該換了。這樣講下來，那讓我努力的深層動力，到底是什麼呢？

被他問到這個問題的時候，我剛好處在一堆「成功」、「人生勝利組」標籤襲來，卻覺得自己什麼都不是，在每個領域都看不到強者車尾燈的狀況。當下我發現自己無法回答這個問題，不過卻一直把這個問題存在心底。

後來，一封週五傍晚的郵件，竟然意外地讓這個問題有了被解答的契機。記得當時我因為很累，趴在桌上補眠，結果睡到一半被郵件通知吵醒，沒想到竟然是德國紅點大獎的來信。打開一看，我們團隊設計的「海廢圖鑑」得獎了！而且還是超大獎──「年度最佳設計 Best of the Best」。這是我們簡訊設計／圖文不符繼「指責受害者」動畫之後，第二座職業組 BoB 大獎，而且台灣紅點還告訴我們說：「這是今年台灣職業組唯一得到 BoB 的作品。」

「海廢圖鑑」是簡訊設計／圖文不符受到海洋保育團隊 Re-Think 所委託，共同製作的互動網頁。我們以「大人的玩具博物館」為概念，將海邊奇形怪狀、五花

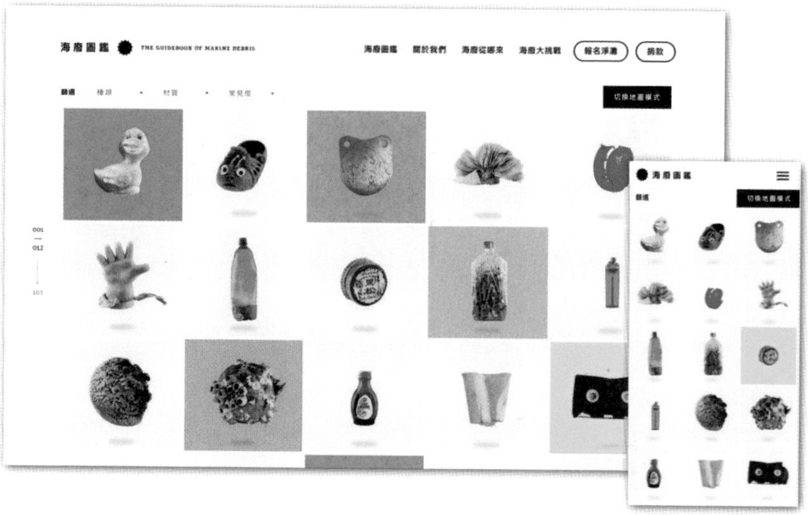

與 Re-Think 共同合作的「海廢圖鑑」以「大人的玩具博物館」為概念，將海邊五花八門的海廢垃圾，以鮮豔童趣的配色，一件件陳列在網頁上，為簡訊設計／圖文不符奪得德國紅點設計大獎，而且是當年台灣職業組唯一得到 BoB 的作品。

八門的海廢垃圾，做足身家調查，拍下三百六十度照片，以鮮豔童趣的配色，一件件陳列在網頁上。

「一九九二年，曾經發生一起海上運輸貨櫃翻覆事件，船上載運的上萬隻黃色小鴨進入海中。直到今日，黃色小鴨們還在全世界各地持續奇幻漂流的旅程。」

透過三百六十度翻轉、觀看網頁上那隻布滿歲月痕跡，但卻還是愉快張嘴的黃色小鴨，觀覽者可以閱讀海廢的前世今生，用不一樣的角度看世界，理解原來每件海廢在落入海洋以前，都有一段故事與緣分。

你是誰比你擁有什麼更重要

得獎後，我代表團隊飛到德國領取這份殊榮，在回程的飛機上，因為飛行太過漫長，我決定把一些存在 iPad 裡很久的影集給看完。其中有一部紀錄片影集，是 Netflix 的「蓋茲之道」，主要在談比爾．蓋茲想要解決的問題，還有他的思考模式。

看完之後，我對最後一集比爾．蓋茲的母親瑪麗．蓋茲（Mary Maxwell Gates）的一段話，留下了很深刻的印象：

「每個人總得先從對自己的『成功』定義開始。我們對自己有特定的期待時，我們就比較容易達到目標。重點不在於你獲得什麼，或付出什麼，而是你成為了什麼樣的人。」瑪麗．蓋茲如此說。

對呀，一切的一切，得先從對「成功」的定義開始才是！我們每個人都必須找到自己對成功的定義，最後再自己把這些成功給「活出來」，而不是單純以「得到」或「給出」什麼，來定義自己的成功。

不可否認地，我生來是幸運的人，那該把這個幸運用在哪裡？我應該可以怎麼幫助這個社會？我的存在可以促成什麼樣的事情？種種思考，將能逐漸形塑我自己關於成功的定義，以及我到底是誰？

在經歷了人生幾段不同的追尋與遇見後，對於「成功」這個衡量幸福的

KPI，我總算有了一些屬於自己的定見。

自訂遊戲規則，才有機會打出好牌

不同世代，面對不同的時空背景與教育風氣，每個世代有每個世代的難處，去比較這些沒有意義，也很難全部攤開來條列檢視。我們能做的就是接受現況，並想辦法透過掌握的優勢，把手上的牌玩成自己要的樣子。

以世俗價值觀來說，現在廣為流傳的成語，其實都是好幾百年前留下來的，其中當然有禁得起考驗的普世價值，但是關於「我應該要長成什麼樣子」、「什麼樣

一切的一切，得先從對「成功」的定義開始才是！我們每個人都必須找到自己對成功的定義，最後再自己把這些成功給「活出來」，而不是單純以「得到」或「給出」什麼，來定義自己的成功。

才叫做成功」，這些東西可能都有它在時空上面的限制。不要說幾百年前傳下來的成語，光是幾十年前在講的事情，在現在變化這麼快的社會上，都可能不太適用了，我們必須要重新找到自己在這時代最自在的姿態才行。

這不是不得不為之下的阿Q，而是一種實際與坦然。也是要經過這樣的歷程，我們才會重新好好認識自己，以及看清楚我們真正擁有什麼，學會珍惜，讓手上的事物發揮最大的價值。

而自訂好遊戲規則，才有機會打出好牌，也會讓自己變得更勇敢。有一陣子的我很容易受傷，看到鄉民不合理的批評或諷刺什麼的，都要花好些時間才能回復平衡。後來在接連幾次跟自己對話後，我發現突破性的成長還是來自於「知足」的心態。

「其實，我已經很幸福了。」

別人無理的攻擊其實沒有從我這裡掠奪走什麼，只是因為我自己太想要全部的人都愛我，所以才會產生相對的剝奪感，覺得自己好像會因為別人的批評而失去些什麼。但事實根本不是這樣，我們都被直覺狠狠地騙了。

其實每天，跟家人的關係都有愈來愈健康。

其實每天，公司團隊都還是穩健地成長著。

其實每天，各部門的問題也都有慢慢改進。
其實每天，訂閱者和觀看數還是在增加的。
其實每天，距離我的目標都是愈來愈近的。

原本就不是你的東西，不在你手上，那又怎麼樣呢？而且，看清楚真正的幸福KPI，你會發現：其實已經很幸福了噢！

每個世代有每個世代的難處，我們能做的就是接受現況，並想辦法透過掌握的優勢，把手上的牌玩成自己要的樣子。自訂好遊戲規則，才有機會打出好牌，也會讓自己變得更勇敢。

國家圖書館出版品預行編目（CIP）資料

歡迎來到志祺七七！不搞笑、談時事，資訊設計原來很可以：從50人的資訊設計公司到日更YouTuber的瘋狂技能樹／張志祺著；林欣婕採訪撰文. -- 第一版. -- 臺北市：遠見天下文化，2020.11
面；　公分. --（工作生活；BWL086）
ISBN 978-986-5535-94-0（平裝）

1.網路產業 2.網路行銷 3.網路媒體 4.網路社群

496　　109016166

工作生活 BWL086

歡迎來到志祺七七！
不搞笑、談時事，資訊設計原來很可以：
從 50 人的資訊設計公司到日更 YouTuber 的瘋狂技能樹

作　者 — 張志祺
採訪撰文 — 林欣婕

總編輯 — 吳佩穎
責任編輯 — 黃安妮
企劃編輯 — 柯慶聆（沛初）
全書設計・插畫 — D_D WORKS (Dyin+Dofa)
圖片提供 — 簡訊設計／圖文不符
出版者 — 遠見天下文化出版股份有限公司
創辦人 — 高希均、王力行
遠見・天下文化・事業群　董事長 — 高希均
事業群發行人／CEO — 王力行
天下文化社長 — 林天來
天下文化總經理 — 林芳燕
國際事務開發部兼版權中心總監 — 潘欣
法律顧問 — 理律法律事務所陳長文律師
著作權顧問 — 魏啟翔律師
社址 — 台北市 104 松江路 93 巷 1 號 2 樓

讀者服務專線 — （02）2662-0012
傳　真 — （02）2662-0007；2662-0009
電子信箱 — cwpc@cwgv.com.tw
直接郵撥帳號 — 1326703-6 號　遠見天下文化出版股份有限公司
電腦排版／製版廠 — 中原造像股份有限公司
印刷廠 — 中原造像股份有限公司
裝訂廠 — 中原造像股份有限公司
登記證 — 局版台業字第 2517 號
總經銷 — 大和書報圖書股份有限公司　電話／ (02)8990-2588
出版日期 — 2020 年 12 月 17 日第一版第 2 次印行

定價 — NT 380 元
ISBN — 978-986-5535-94-0
書號 — BWL086
天下文化官網 — bookzone.cwgv.com.tw